LA VACHE BRETONNE

UTILE AU RICHE, PROVIDENCE DU PAUVRE

Par P. BELLAMY,

Ex-vétérinaire d'artillerie, vétérinaire du département, professeur à l'École
d'agriculture de Rennes, secrétaire de la Commission hippique
départementale, membre du Conseil général d'hygiène, de
l'Association agricole bretonne, de la Société d'agriculture, de plusieurs Comices d'élevage,
correspondant de la Société impériale et
centrale de médecine vétérinaire.

EN VENTE :

CHEZ MM. VERDIER et DENIEL, LIBRAIRES A RENNES.

1857.

LA
VACHE BRETONNE,

UTILE AU RICHE, PROVIDENCE DU PAUVRE,

Par P. BELLAMY,

Ex-vétérinaire d'artillerie, vétérinaire du département, professeur à l'École
d'agriculture de Rennes, secrétaire de la Commission hippique
départementale, membre du Conseil central d'hygiène, de
l'Association agricole bretonne, de la Société d'agriculture, de plusieurs Comices, et membre
correspondant de la Société impériale et
centrale de médecine vétérinaire.

Doc'h he' dant ve' gorred ar veuc'h,
D'après ce dant (sa nourriture), on trait la vache.

RENNES,
OBERTHUR, IMPRIMEUR DE LA PRÉFECTURE,
Rue Impériale, 8.

—

1857.

INTRODUCTION.

Dans chaque exploitation agricole on rencontre un certain nombre d'animaux appartenant à l'espèce bovine : dans celle-là, on les considère principalement comme bêtes de travail; dans celle-ci, comme donnant des produits importants ; mais dans toutes les fermes bien dirigées, ils représentent toujours le plus grand capital.

Quoique provenant de la même souche, l'espèce bovine présente, suivant les contrées où on l'examine, des différences dans sa conformation et ses aptitudes , différences qui en font autant de variétés héréditaires constituant des races.

L'influence de la nourriture, du climat, des habitudes a produit certaines modifications ; mais en alliant des sujets de la même espèce et de contrées différentes, on a encore considérablement augmenté le nombre de ces variétés.

L'espèce bovine offre de précieuses ressources; non seulement elle peut être considérée comme machine propre à transformer certaines substances en principes alibiles pour les plantes, mais elle nous fournit du travail, du lait et de la viande.

Le cultivateur ne fait pas toujours comme il faut ni comme il veut, mais il doit s'appliquer à faire du mieux possible.

Dans les pays de riche culture, les animaux de l'espèce bovine sont considérés comme bêtes de rente et machines à fumier; on se garde bien de les faire travailler; mais il ne peut en être de même dans les contrées pauvres, dans celles surtout où les terres sont très-divisées.

Tandis que dans certaines circonstances il y a avantage à posséder des animaux présentant principalement et presque exclusivement telle aptitude, dans un grand nombre d'autres, il vaut mieux en avoir réunissant à un degré satisfaisant toutes les qualités.

Nous croyons pouvoir avancer avec un certain orgueil de nationalité que nous avons en France de très-bonnes races d'animaux domestiques, et que nous n'aurons rien à envier à nos voisins, du moment que nous soumettrons ces races au même régime et que nous leur prodiguerons les mêmes soins.

Il est bien reconnu que l'espèce bovine présente un grand nombre de races qui ne peuvent être élevées indistinctement avec avantage dans tous les pays; il en est qui exigent de riches pâturages, d'autres qui réclament le régime bien entendu de la stabulation permanente; enfin, il y en a qui se contentent de peu, trouvent leur nourriture dans des terrains incultes et donnent encore certains produits.

Parmi celles de cette catégorie, nous citerons en première ligne la race bretonne du Morbihan; ce sont ses qualités, sa rusticité et sa sobriété qui l'ont fait surnommer *la Providence du pauvre*.

Chargé tout récemment d'acheter, pour Sa Majesté l'Empereur, un troupeau composé de cent vaches et de deux taureaux de pure race morbihannaise, nous croyons servir les intérêts des cultivateurs en appelant leur attention sur cette race et faire, en même temps, une œuvre essentiellement bretonne.

La vache bretonne a droit, en effet, à la reconnaissance d'un grand nombre de personnes, et elle mérite bien qu'on trace son portrait, puisqu'on la rencontre dans la plus humble chaumière et dans les palais des rois.

LA

VACHE BRETONNE,

UTILE AU RICHE, PROVIDENCE DU PAUVRE.

CHAPITRE PREMIER.

Département du Morbihan : Nature du sol. — Plantes naturelles qu'il produit. — Usages.

Le département du Morbihan se trouve compris entre 47° 15' et 48° 10' de latitude septentrionale. Il est borné au nord par le département des Côtes-du-Nord, à l'est par le département d'Ille-et-Vilaine, au sud par l'Océan et partie du département de la Loire-Inférieure, à l'ouest par le département du Finistère.

On évalue sa superficie à 699,644 hectares, que l'on peut classer de la manière suivante : terrains en bruyères ou landes, 271,491 hectares, dont 3,600 hectares sont des dunes ou des falaises, et 94,324 hectares sont formés par un sol schisteux ou granitique ; sols de graviers et pierreux, 318,028 hectares, dont 76,495 hectares reposent sur un fond schisteux. En sol sablonneux, on compte 1,544 hectares qui sont en culture et avoisinent les dunes et les falaises ; on compte en outre 60,373 hectares de sol argileux sur un fond schisteux, et 48,508 hectares de sols de différentes sortes.

Dans le département du Morbihan, les plateaux et les plaines sont de peu d'étendue ; il y a quelques collines du côté du nord et un grand nombre de coteaux et de vallons.

On y rencontre de nombreux cours d'eau et des eaux stagnantes en abondance.

La contrée du département, que l'on désigne sous le nom de région maritime, comprend plusieurs îles et de nombreux îlots ; elle présente des marécages salés, quelques étangs saumâtres et de vastes dunes.

Le département tire son nom de l'un des bras de mer qui s'étend dans son intérieur et qui est tellement large qu'on l'appelle petite mer, *morbihan*.

D'après les recherches de M. Le Gall, 1,127 espèces de plantes vasculaires croissent dans le département ; sous ce rapport, il paraît qu'il n'est pas aussi riche que celui de la Loire-Inférieure ; mais il le serait plus que les départements d'Ille-et-Vilaine, du Finistère et des Côtes-du-Nord.

Au point de vue du botaniste, le département du Morbihan est riche; mais sous celui de sa culture et partant de la production des plantes fourragères, on peut dire qu'il laisse encore beaucoup à désirer.

Dans la plupart des landes, on rencontre l'ajonc d'Europe, l'ajonc nain, la bruyère cendrée, la bruyère ciliée, la callune commune et quelques plantes herbacées, telles que la ptéride aigle impérial, l'agrostis sétacée, le nard raide et la solidage verge d'or.

Dans les landes qui sont humides, il y a moins d'ajoncs; on y rencontre le genêt d'Angleterre ou le saule rampant; la bruyère quaternée y est très-abondante; on y trouve également la scabieuse succise, la gentiane pneumonanthe, la molène bleue et la canche des fanges.

Non loin de la mer, on trouve une troisième variété d'ajonc, l'ulex gallii planchon, la bruyère à balai, la bruyère vagabonde, le panicaut nain et l'isote.

Autour des champs et dans l'intérieur de ceux qui sont momentanément délaissés, on rencontre ordinairement le sarcothamne à balai (vulgairement genêt), la digitale pourprée et la ptérigide aigle impérial.

On voit fréquemment une espèce de fume-

terre dans les champs en culture, la conopode
sans involucre dans les prés et les forières (ailleurs cheintres); la camomille romaine, sur les
pelouses; la grassette du Portugal, dans les marécages; le mille pertuis à feuilles linéaires et le
sedun d'Angleterre sur les coteaux arides et les
rochers.

Eu égard au grand nombre de variétés des
plantes qui croissent naturellement dans le département du Morbihan, tout nous porte à croire
qu'il pourrait produire avantageusement et en
abondance des plantes alimentaires et fourragères,
si les cultivateurs le voulaient.

Le voyageur, qui va pour la première fois dans
le département du Morbihan, ne le visitant qu'en
suivant les diverses lignes macadamisées, est pé-
niblement impressionné à la vue de tant de landes
rases et de rochers abruptes.

Malgré l'aspect d'un grand nombre de moulins
à vent, l'étranger se demande avec quoi et comment les habitants du pays peuvent se nourrir.

Après ce premier coup-d'œil, si on fait attention aux rares habitations qui sont situées non
loin des grandes routes, on remarque que les
règles d'architecture et d'hygiène ont été com-
plétement méconnues : quatre murs en pierre
ou en terre, percés de petits trous par lesquels la

lumière a de la peine à pénétrer, ayant pour couverture de la paille noire, inégale, et souvent
quelques mottes de terre sur des branches de
genêts, voilà tout. Si le touriste veut visiter l'intérieur d'une semblable demeure, qu'il ne soit
pas surpris de trouver dans la seule et unique
pièce qui la compose : d'un côté, un peu de feu
dans un âtre qui n'a de la cheminée que le nom,
un lit, une table, un banc, parfois une armoire
noircie par la fumée, souvent une femme, un
vieillard et trois, quatre ou cinq enfants; du
côté opposé, de la litière faite avec des feuilles
d'arbres ou de la bruyère, sur laquelle reposent
une vache, une chèvre et un cochon.

Lorsqu'on a vu tout cela, on peut croire à la
pauvreté du sol et de ses habitants; on est à même
de reconnaître que le vieux proverbe breton *lande
tu fus*, *lande tu es*, *lande tu seras*, n'est encore
malheureusement que trop vrai.

Cependant, si vous questionnez un indigène
d'une ville du Morbihan, il vous apprend que le
département produit beaucoup plus de grain
qu'il n'en faut pour nourrir ses habitants; il vous
dit qu'il y a de belles fermes, des champs bien
cultivés et de bonnes prairies; mais c'est dans
l'intérieur des terres, loin des grandes routes,

qu'il faut aller si on veut connaître les véritables richesses du pays.

En effet, dans les contrées les plus délaissées près des grandes routes, on voit, si on pénètre un peu dans l'intérieur des terres, quelques fermes bien construites, des champs et des prairies dans de bonnes conditions.

Il faut bien se garder de confondre la contrée du Morbihan que l'on appelle la côte avec celle dont nous venons de parler; car, tandis que celle-ci a encore beaucoup à faire pour rendre son sol fertile, celle-là a une terre riche que l'on cultive pour ainsi dire jardinièrement.

Après avoir visité le département du Morbihan et avoir remarqué que là où il y avait le plus de landes, il y avait des terrains de bonne nature qui étaient également délaissés, nous avons voulu en connaître la cause et nous avons recueilli les renseignements suivants.

La plupart des terres du Morbihan sont louées par des baux à *domaines congéables*.

On entend généralement par domaine congéable une terre donnée à rente et en jouissance de laquelle le propriétaire peut rentrer à volonté, en remboursant les améliorations de toute nature qui ont été faites par le fermier.

Dans le Morbihan, il est d'usage que les maisons, les talus, la superficie des prairies et les arbres fruitiers appartiennent au domanier ; cependant, les châtaigniers formant bosquet appartiennent ordinairement au propriétaire du sol.

Lorsque le propriétaire veut renvoyer le domanier, il en a le droit, moyennant paiement des édifices, de la valeur des talus et des arbres fruitiers ; mais le domanier n'a pas le droit de quitter l'exploitation, de se faire payer ce qu'il a construit ou planté pendant la durée de son bail.

Le plus souvent, les baux sont de neuf ans, et comme les améliorations du sol peuvent avoir pour résultat une augmentation de prix de fermage au renouvellement du bail, que, d'un autre côté, lorsque le domanier cesse de jouir, on ne lui tient aucun compte de la plus-value du sol qui est de son fait, il en résulte qu'un pareil système de location est une entrave pour les progrès agricoles.

Tandis que, dans certaines contrées de la France, on attache peu d'importance aux édifices des exploitations rurales, comparativement à la valeur des terres qui en dépendent, nous ferons remarquer que, dans certaines parties du Morbihan, les maisons, les talus en pierre et les arbres fruitiers représentent plus de valeur que les terres dont jouit le domanier.

Eu égard à un pareil état de choses, le propriétaire ne doit pas craindre de perdre avec son domanier, car les maisons, les talus et les arbres fruitiers sont toujours là pour répondre du prix de fermage.

Pendant la durée du bail, s'il arrive que le domanier veuille enclore une lande, construire, modifier la forme ou la nature d'un édifice, soit en le couvrant en ardoises au lieu de paille, soit en pratiquant des ouvertures pour l'assainir, il n'en a pas le droit ; mais cette autorisation lui est ordinairement accordée, à la condition qu'il ne lui sera tenu aucun compte de la plus-value qui en résultera.

Lorsque le domaine se trouve situé dans une commune où il est d'usage que les pommiers soient plantés autour des champs, il n'est tenu aucun compte au domanier de tous ceux qu'il peut avoir plantés dans le milieu des champs dont il a la jouissance.

Il est bien reconnu que le domanier a le droit de faire des plantations d'arbres fruitiers seulement.

Les arbres qui viennent en plein vent, même sur les talus qui sont au domanier, appartiennent de droit au propriétaire du terrain.

On prétend que les baux à domaines congéables sont calamiteux pour les familles des agriculteurs : en effet, l'aîné des garçons est ordinairement celui qui succède au père, lorsque celui-ci vient à mourir. Comme il est tenu de faire compte à tous ses frères et sœurs de la part qui leur revient, il en résulte qu'il se trouve dans la gêne dès son début. Voilà encore une cause qui peut empêcher des améliorations agricoles.

La position difficile dans laquelle se trouve le jeune domanier l'oblige à rechercher pour compagne une fille riche, afin de pouvoir s'acquitter au plus tôt envers les autres héritiers. Aussi, dit-on souvent, avec juste raison, que les fermiers bretons *se prennent sans se connaître, qu'ils vivent sans s'aimer et se quittent sans se regretter.*

Lorsqu'un domanier vient à en remplacer un autre, il faut qu'il ait par devers lui de grandes avances, surtout lorsqu'il débute dans le pays, car il est tenu de payer la valeur des édifices, des talus et des fruitiers à celui qui sort.

Les domaniers s'acquittent de deux manières envers leur propriétaire, les uns avec du grain, et c'est le plus grand nombre ; les autres en argent, au prix de l'apprécie, c'est-à-dire de la valeur de l'hectolitre, en prenant pour base le dernier marché de septembre et le premier du mois d'octobre.

Le plus ordinairement, les domaniers paient à raison de deux hectolitres de seigle par journal pour les terres légères, d'un hectolitre de seigle et un hectolitre de froment par journal de terres mixtes, et de deux hectolitres de froment par journal dans les terres fortes.

Lors du renouvellement des baux, grand nombre de domaniers sont bien contrariés, parce que, sous le titre de *nouveautés*, ils sont obligés de payer une somme de 100 à 300 fr.; ce sont les épingles.

Eu égard à toutes ces conditions et aux impôts mis ou à mettre qui sont à la charge du preneur, il en résulte que le domanier se trouve souvent bien lié et dans une position critique.

Nous devons constater que chaque pays a ses habitudes et ses usages. S'il en est que l'on doive propager, il y en a aussi qu'il faut chercher à faire disparaître. Dans cette dernière classe se trouvent bien certainement les baux à domaines congéables du département du Morbihan.

CHAPITRE II.

Cultures du Morbihan : Seigle. — Sarrasin. — Froment. — Mil. — Orge. — Avoine. — Trèfle.

Dans la plus grande étendue du département du Morbihan, on laboure avec deux bœufs du pays. Dans les terres légères, on rencontre souvent des laboureurs avec un seul cheval de petite taille ; il est rare qu'ils en emploient deux. La charrue le plus généralement employée est réduite à sa plus simple expression ; elle doit offrir peu de résistance, car elle ne fait que fendre la terre à six ou huit centimètres de profondeur, sans la retourner. M. de B... nous disait dernièrement : « Un de mes amis ayant consenti à diriger la charrue, il m'a été assez facile de la traîner moi-même pour labourer un sillon. »

Dans quelques domaines on commence à se servir de l'araire Dombasle ; dans certaines contrées du Morbihan, on cherche à tracer les sillons en ligne droite, dans d'autres, on s'applique à les faire en serpentant le champ, dans d'autres enfin on les dispose en demi-cercle. Non seulement ces deux derniers modes de labourage offrent des difficultés, mais les sillons ainsi disposés sont un obstacle à l'écoulement des eaux et peuvent compromettre la récolte.

La quantité et la qualité des engrais employés varient considérablement ; sur la côte, on ne néglige pas de demander à la mer une certaine quantité de plantes que l'on mélange avec des fumiers, et l'on forme ainsi un engrais qui agit favorablement sur la végétation. A certaines époques de l'année, les agriculteurs qui sont dans le voisinage de la mer ramassent, en tas, une grande quantité de ces plantes marines, et il est bien rare que les uns prennent ce qui appartient aux autres.

Dans l'intérieur des terres, au contraire, les cultivateurs ne peuvent disposer que d'une faible quantité de fumier, et encore quel fumier !

Leurs bestiaux étant toute la journée dehors, ne passant à l'étable que la nuit, sur des litières faites pour la plupart avec de la bruyère et des ajoncs, il en résulte qu'il faut beaucoup de temps pour pourrir ces plantes.

On met bien quelques couches de bruyère et d'ajoncs dans la cour de la ferme et dans les chemins avoisinant les maisons, mais cela ne suffit pas. Les fumiers n'étant pas convenablement soignés, on transporte le plus souvent dans des champs en terres légères des bruyères et des ajoncs ayant à peine subi un commencement de décomposition.

Parmi les engrais artificiels qui sont employés, on peut dire que le noir animal est le plus commun; mais, là comme ailleurs, quel noir emploie-t-on? souvent des substances qui n'en ont que la couleur.

Dans le département du Morbihan, on cultive le froment, le sarrasin, le mil, le seigle, l'orge et l'avoine.

Du seigle. — On peut dire que la culture du seigle est la plus importante; d'après des renseignements authentiques qui nous ont été fournis, elle occupe 77,988 hectares. Le seigle réussit généralement bien dans les terres légères du Morbihan; il n'en est pas de même dans les terres fortes de la côte. Si le seigle est semé de bonne heure, au plus tard pendant la dernière semaine d'octobre, il rend beaucoup plus que lorsqu'il est mis en terre après la Toussaint; il produit une moyenne de 10 hectolitres 70 à l'hectare. On emploie le grain pour faire du pain, mais comme on a l'habitude de boulanger tout le son avec la farine, il en résulte que ce pain est noir et peu appétissant.

On donne une certaine quantité de seigle en grain aux bœufs et aux vaches que l'on engraisse.

On ne donne pas la paille à manger aux bestiaux, elle sert de litière ou pour couvrir les maisons.

Sarrasin. — On ne cultive que peu ou point de sarrasin dans la plupart des exploitations qui sont sur la côte ; c'est principalement dans l'intérieur des terres que cette culture a une certaine importance. On compte 59,363 hectares ensemencés en sarrasin, et on a remarqué que la production moyenne est de 17 hectolitres 20 par hectare. Sur la côte sud du Morbihan, on a observé que le sarrasin grainait moins que dans l'intérieur des terres. De ce qu'on ne cultive pas le sarrasin sur la côte, on pourrait conclure qu'on n'en fait pas usage ; ce n'est cependant pas ce qui a lieu.

Les gens de la côte portent des ognons à 12 ou 15 lieues de distance, soit dans le nord ou l'ouest du Morbihan, et même dans le département du Finistère ; ils y échangent ces ognons pour du seigle, du blé-noir et de l'avoine ; c'est ce qui explique comment on trouve habituellement chez eux du pain composé d'un mélange de farine d'orge et de seigle. Dans les contrées du Morbihan où l'on ne cultive pas le blé-noir, on le consomme sous la forme de bouillie, tandis que dans celles où on en récolte, on le convertit en galettes.

Froment. — On cultive principalement le froment d'hiver dans la partie sud du Morbihan , et
on fait du froment de printemps dans le côté nord.
A une époque, les cultivateurs du Morbihan ne
s'occupaient guère du froment, et c'est à peine si on
en rencontrait quelques mesures sur les principaux
marchés. Ils ont fini par comprendre que leurs
terres pouvaient également produire du froment ;
aujourd'hui, cette céréale occupe une place importante dans la culture , et on en trouve à peu près
sur tous les marchés. Nous manquons de renseignements précis pour pouvoir faire connaître l'étendue
en culture du froment d'hiver et la mise en culture
du froment de printemps , mais nous savons que
les deux sont cultivés sur une étendue de 30,659
hectares, et que le produit moyen est de 11 hectolitres à l'hectare.

Mil. — Autrefois, on ne cultivait qu'une variété
de mil, c'était le jaune ; il y en a une autre
qu'on appelle blanc, à cause de sa couleur,
et aujourd'hui on cultive indistinctement l'un et
l'autre. On cultive le mil sur la côte et à six ou
huit lieues dans l'intérieur des terres. Il y a des
domaniers qui ensemencent en mil le cinquième
et parfois même le quart des terres qui sont en
culture. On sème le mil du 20 avril au 15 mai.

Pour assurer le succès de la récolte, on travaille la terre de la manière suivante : on fait un bon labour (c'est ainsi qu'on le désigne) au commencement d'avril, souvent on étrèpe, puis on herse et on râtelle ; on ne met pas d'engrais. On sème en sillons ; lorsque le grain est germé, on défait les sillons avec l'étrèpe, puis on râtelle de nouveau, afin de diviser le plan et de le répandre plus également sur le sol. On récolte le mil dans le courant de la dernière quinzaine d'août. Lorsque le mil approche de sa maturité, les grands vents lui nuisent beaucoup, parce qu'il s'égraine facilement sous leur influence. On compte 5,578 hectares en culture de mil, et on évalue la moyenne du rendement à 14 hectolitres 25 par hectare.

Le mil entre pour une grande partie dans la composition de la nourriture des gens de la campagne. Le grain est conduit au moulin, où on le fait passer deux fois sous la meule, non pour le réduire en farine, mais seulement afin de le dégager de son enveloppe. Lorsqu'on veut en faire de la bouillie, on le fait crever dans de l'eau, comme si c'était du riz ; on y ajoute du sel et on fait cuire. Le plus ordinairement, on mange cette bouillie avec du lait.

Orge. — On cultive un peu d'orge dans le département du Morbihan ; mais cette culture est loin d'occuper la place qu'elle devrait avoir. La variété la plus répandue est celle à six rangs; ce n'est guère que sur la côte qu'on en rencontre. On la sème ordinairement en janvier ou février, et on la récolte vers la fin de juillet. On n'a pas l'habitude de semer l'orge avec le trèfle. Dans tout le département du Morbihan, il n'y a que 186 hectares en culture d'orge, et on évalue son rendement à 17 hectolitres par hectare. On fait du pain en mêlant de la farine d'orge avec celle de seigle.

Avoine. — La culture de l'avoine, plus répandue qu'autrefois, est encore assez restreinte. Sur la côte, on cultive moins d'avoine que dans l'intérieur des terres; il y en a cependant sur tous les marchés du Morbihan. On sème l'avoine d'hiver avant le seigle, et celle de printemps depuis le mois de janvier jusqu'en mars. On se sert de l'avoine, non seulement pour les chevaux et les bestiaux qui sont à l'engrais, mais aussi pour la nourriture de l'homme. On en fait de la bouillie.

Dans la contrée du Morbihan que l'on nomme la côte, il y a de très-bonnes terres qui produisent d'abondantes récoltes. Mais il faut convenir que les domaniers se mettent en route pour bien peu de chose, et souvent même contrairement à leurs intérêts. Comme ils cultivent une grande étendue de terrains en ognons, ils ont l'habitude de partir de chez eux pour aller à douze ou quinze lieues de

distance vendre ou échanger deux sacs d'ognons,
qu'ils conduisent sur le dos d'un cheval.

Sur la côte, on cultive en grand la pomme de
terre et la carotte à jus. La première y est rarement
malade.

Trèfle. — Les cultivateurs du Morbihan doivent compter beaucoup sur leurs landes pour
nourrir leurs bestiaux. Dans un pays renfermant
un si grand nombre d'animaux domestiques, la culture des plantes fourragères a bien peu d'étendue.
On cultive le trèfle ordinaire et le trèfle rouge ;
mais c'est principalement sur la côte qu'on les rencontre. Quelle misère ! Dans le Morbihan, la culture du trèfle n'occupe que 668 hectares.

On fait un peu de navets, comme fourrage de
printemps. On commence la culture du chou du
Poitou, celle de la betterave et celle de la carotte
blanche à collet vert.

On suit ordinairement l'assolement suivant.
Sur la côte : première année, froment ; deuxième
année, pommes de terre ou avoine ; troisième,
froment, carottes, ognons ou haricots, parfois un
peu de mil. Dans les autres parties du département : première année, seigle ; deuxième année,
avoine ou froment de printemps, quelques pommes de terre ; troisième année, mil ou blé-noir.

CHAPITRE III.

Nombre d'animaux domestiques : Espèces bovine, — chevaline, — porcine, — ovine.

Le plus souvent, on juge du nombre et de la qualité du bétail qu'il y a dans une contrée par les ressources que celle-ci présente en plantes fourragères. Il ne doit pas en être de même pour le département dont il s'agit, car, sans cela, il serait bien pauvre.

Le département du Morbihan offre peu de ressources pour nourrir les bestiaux, et cependant il possède 63,237 bœufs, 5,439 taureaux, 161,911 vaches et 83,949 génisses, soit un total de 314,536 têtes de bétail.

On évalue qu'il peut être consommé annuellement, dans le département, 67,778 animaux de la même espèce, et qu'il en est exporté par an une moyenne de 19,071 têtes.

On compte dans le département 42,399 animaux d'espèce chevaline.

Le département du Morbihan possède en outre un grand nombre d'animaux d'espèce ovine (254,948). Il y en a sur les landes qui sont bien petits et bien chétifs ; mais on en rencontre aussi qui sont beaux et pourvus d'une bonne toison.

Sur quelques points du Morbihan, on s'occupe un peu de l'espèce porcine (59,495 têtes); mais il y en a d'autres où ces animaux vivent presque constamment en liberté : dans le premier cas, ils sont assez bien conformés; mais dans le dernier, ils n'ont que des os.

L'examen de ces diverses espèces animales nous écarterait trop du cadre que nous nous sommes tracé.

Les étables de la plupart des fermes du Morbihan sont basses, peu aérées, trop petites et mal tenues; plusieurs n'ont d'autre plafond que le chaume des couvertures ; on en voit beaucoup dont le sol est au-dessous du niveau des terrains environnants; elles sont sans mangeoires et râteliers.

CHAPITRE IV.

Espèce bovine. — Race bretonne.

Dans les cinq départements qui composent l'ancienne province de Bretagne, on rencontre un grand nombre d'animaux d'espèce bovine, de forme, de taille et de pelage bien variés, qu'il faut bien se garder de confondre, car ils présentent des aptitudes très-différentes.

On comprend généralement, sous le nom de *race bretonne*, la petite variété à robe pie-noir, qui se trouve dans le département du Morbihan; c'est la plus petite que nous ayons en France, mais c'est la meilleure laitière.

Il y a eu des auteurs qui ont considéré la race morbihannaise comme pouvant provenir de la race hollandaise; d'autres ont supposé qu'elle pouvait bien être originaire des Grandes-Indes, parce que toutes les vaches qui sont aux environs de Bordeaux et que l'on croit venir de l'Asie, ont une telle ressemblance avec nos bretonnes, qu'il est très-facile de les confondre.

Nous ne sommes pas surpris que, dans les environs de Bordeaux, on ait pu confondre les deux races les plus laitières de la contrée, la grande et la petite, la première avec la hollandaise, et la seconde avec la morbihannaise, attendu que la grande et la petite bordelaises sont également originaires de la Bretagne.

Depuis un temps immémorial, il y a des marchands du Midi qui viennent acheter des vaches en Bretagne; si on en trouve aujourd'hui aux environs de Bordeaux ayant une certaine ressemblance avec la race hollandaise, ces vaches n'en sont pas moins d'origine bretonne, seulement elles ont acquis plus de force et de taille, par suite d'une nourriture plus abondante et plus substantielle.

Quant à la petite race bordelaise, qui ressemble beaucoup à la morbihannaise, et que l'on croit cependant provenir des Grandes-Indes, nous pouvons assurer qu'elle est purement bretonne.

Pour donner plus de prix à un animal, il est fort possible qu'on annonce qu'il vient de contrées lointaines; mais nous rencontrons journellement des marchands bordelais et espagnols sur nos foires du Morbihan, et c'est de là qu'ils tirent les vaches qui sont soi-disant originaires d'Asie.

Qu'on ait fait accroire à quelques personnes qui ne connaissent pas la race indienne, caracté-

risée par une ou deux grosses loupes au garrot,
que la morbihannaise, transportée à Bordeaux,
provient de l'Asie, nous le comprenons ; mais
c'est une erreur que nous croyons devoir si-
gnaler.

Nous avons en Europe un grand nombre de variétés de l'espèce bovine : quelques-unes peuvent
être considérées comme ayant été modifiées,
créées même par le génie de l'homme, mais il
faut reconnaître aussi que le plus grand nombre
doit ses formes, sa taille, son volume, son pelage
et ses aptitudes à l'influence toute puissante de
la nature.

Nous trouvons une grande différence entre les
races bovines qui vivent dans les landes du Midi
de la France et celles des landes du Morbihan : la
race charolaise ne ressemble nullement à celle de
la Suisse ; la Durham ne sera jamais confondue
avec la hongroise, etc., etc.

Nous considérons la race bretonne du Morbihan comme étant une race très-ancienne, formant
type, qui doit ses formes, sa couleur, sa petite taille
et toutes ses qualités à l'influence du climat, de la
nourriture et des habitudes.

En France, il n'y a aucune race qui puisse être
confondue avec celle du Morbihan ; mais l'Angleterre possède, sous le nom de race de Kerry,

notre race bretonne, à laquelle on a donné un autre nom, parce qu'elle a traversé le détroit.

La race bretonne est connue de nom, et cependant les meilleurs auteurs, qui ont donné la description de nos principales races françaises, ne lui ont consacré que quelques lignes.

On a donné à la race bretonne dont nous nous occupons le nom de morbihannaise, parce que c'est principalement dans ce département où on l'a toujours rencontrée et où on trouve encore les types les plus purs.

De même que toutes les bêtes bovines de la province de Bretagne ne doivent pas être confondues avec la race morbihannaise, il ne faut pas s'attendre non plus à ne trouver que des bêtes de pure race morbihannaise dans le département du Morbihan.

Comme il arrive fort souvent que l'on désigne sous le nom de race bretonne un grand nombre de sujets d'espèce bovine, nés et élevés en Bretagne, mais n'appartenant pas à cette race, nous croyons utile de faire connaître :

1° Les caractères distinctifs des pures races bretonnes du Morbihan ;

2° Leurs qualités et les reproches qu'on leur fait ;

3° Les résultats obtenus par suite de leur alliance avec d'autres races françaises et étrangères ;

4° Les moyens à employer pour les approprier de plus en plus à nos besoins ;

5° Enfin, nous ferons connaître les usages en vigueur et les précautions à prendre pour acheter des bêtes bovines sur les foires du Morbihan.

CHAPITRE V.

Race morbihannaise : Vache des landes. — Vache améliorée. — Taureau des landes. — Taureau amélioré. — Bœuf.

———

Dans le département du Morbihan, il n'y avait autrefois qu'une seule race bovine, mais aujourd'hui on peut dire qu'il y en a deux également pures ; elles ont plusieurs traits de ressemblance, car les sujets de la nouvelle race ne sont autres que ceux provenant de l'ancienne et ayant été améliorés.

Vache des landes. — L'ancienne race bretonne, dite des landes du Morbihan, est de robe pie-noir ou noire ; ces deux couleurs sont toujours vives et à lignes de démarcation bien tranchées entre elles, c'est-à-dire qu'elles ne composent jamais de robe dont les poils blancs et noirs soient mélangés de manière à former du gris.

La plupart des vaches bretonnes sont de robe pie-noir, avec prédominance du noir sur le blanc ;

VACHE DES LANDES,

âgée de 6 ans.

elles ont ordinairement une bande transversale formée par des poils blancs sur le garrot ou la partie antérieure de la croupe; il y en a bien peu qui n'aient pas le dessous du ventre blanc; les vaches toutes noires sont excessivement rares, attendu qu'elles sont au moins marquées en tête.

Lorsqu'une vache a une robe composée de nuances mélangées, ou même lorsqu'étant pie-noir, elle présente, soit sur le garrot, soit sur le dos, les reins ou la croupe, une ligne médiane formée par des poils de couleur froment pâle, il est certain qu'elle n'est pas de pure race bretonne.

Il y a des vaches chez lesquelles les poils sont toujours courts, fins et lisses dans toutes les saisons; elles sont généralement de bonne nature et d'un bien plus facile entretien que celles qui ont les poils longs, gros et hérissés. Nous savons bien que la nourriture, le logement, les saisons, les soins et l'état de santé ou de maladie influent considérablement sur la nuance, le lustre, la position et la longueur des poils composant la robe, c'est-à-dire sur le pelage d'un animal; mais il est de remarque aussi que ces influences ne produisent pas également les mêmes effets sur tous les sujets de la même espèce ni de la même race.

La vache de pure race bretonne a le mufle noir, parfois marbré, rarement blanc; cependant elle a

toujours de couleur blanche la muqueuse qui ta-
pisse l'intérieur de la bouche et enveloppe la langue. La muqueuse bucale est ordinairement noire
ou marbrée chez les sujets qui ne sont pas de pure
race bretonne. Ainsi, lors même qu'une vache serait de robe pie-noir, lors même qu'elle aurait
la conformation du type breton, qu'elle serait originaire du Morbihan, si elle a la langue noire, ou
si elle présente des taches noires dans l'intérieur
de la bouche, c'est qu'elle n'est réellement pas
de pur sang breton.

Examinée dans son ensemble, l'ancienne race
du Morbihan est trapue ; un grand nombre de
sujets ont la taille de 95 centimètres à 1 mètre 4
ou 5 centimètres au garrot.

La vache bretonne a l'œil vif, la tête courte,
fine, sèche et petite ; les cornes sont ordinairement
fines, blanches à la base et noirâtres à l'extrémité :
elles sont quelquefois toutes noires ou jaunâtres,
ou d'un beau blanc dans toute leur longueur ; ce
dernier cornage est le plus estimé.

Lorsqu'on procède à l'acquisition d'une vache,
on prend en considération non seulement la couleur, mais encore le poli de ses cornes : il y en a
de rugueuses ; elles sont ordinairement noirâtres
et dépréciées. C'est pour tromper l'acheteur que
le vendeur s'applique à polir les cornes en les

grattant avec un morceau de verre ou le tranchant d'un couteau. Mais cette manœuvre est bien facile à reconnaître, et il suffit d'avoir assisté à quelques foires du Morbihan ou d'avoir vu des cornes ainsi travaillées pour pouvoir les distinguer de loin et *a priori*.

Si la plupart des marchands emploient ce moyen pour satisfaire le caprice des acheteurs, il ne faut pas ignorer aussi qu'il y en a qui y ont recours, dans le but d'empêcher qu'on ne puisse reconnaître l'âge des vaches à la simple inspection des cornes.

Il y a des vaches qui ont les cornes un peu grosses et d'autres qui les ont très-fines; on préfère les dernières. Les cornes de couleur blanche dans toute leur longueur sont rarement grosses. Il arrive fréquemment que les vaches qui ont les cornes grosses, noires et rugueuses, ont aussi la tête forte, le poil gros et la peau épaisse; elles n'ont pas les extrémités aussi fines que celles qui ont les cornes minces, un peu plates et bien blanches. Lorsque les vaches ont les cornes trop grosses, les marchands ne manquent pas de les gratter vigoureusement, afin de les réduire à des proportions convenables. Toutes les vaches de la race du Morbihan ne sont pas pourvues de cornes de la même longueur; les unes les ont courtes et courbées en avant; un très-grand nombre les ont de moyenne longueur, courbées en avant et relevées vers la pointe. On estime bien les vaches qui ont les cornes courtes.

Quoique la plupart des vaches morbihannaises aient les cornes bien placées, qu'elles soient ordinairement, comme on dit, bien cornées, il s'en trouve cependant dont les cornes ont une direction vicieuse, qui tend à donner à la tête, au faciès de la vache, un aspect désagréable; des vaches cornées de la sorte ont moins de valeur pour l'amateur, mais cela ne les empêche pas d'être de bonne nature. Du reste, il ne faut pas croire que la main de l'homme soit toujours étrangère à la bonne direction des cornes, car nous indiquerons ultérieurement les moyens qui sont fréquemment employés pour obtenir ce résultat.

La vache bretonne est longue de la pointe de l'épaule à la fesse, comparativement à sa hauteur. Elle a l'encolure courte et mince, les oreilles petites; dans la pure race, la tête se trouve parfaitement détachée; on ne remarque que peu ou point de fanon. Le garrot et le dos sont sur la même ligne; il y en a qui ont ces régions larges, mais le plus souvent elles sont un peu saillantes: cela tient surtout au peu de développement musculaire plutôt qu'à la bonne situation des épaules et à l'attache des côtes.

La bretonne a la côte ronde, bien descendue pendant le jeune âge ; mais, par suite de l'ampleur que le ventre acquiert lorsque la bête avance en âge, le corps de quelques vaches prend la forme d'un coin dont la base est représentée par le train postérieur. Elle ne présente jamais de dépression à la partie inférieure de la poitrine, c'est-à-dire qu'elle n'est pas sanglée.

Tandis que certaines races présentent une dépression bien prononcée de la région costale, en arrière des épaules, la vache bretonne a cette région bien conformée.

Elle a le poitrail assez large, l'épaule droite peu musculeuse. Les reins sont longs et suffisamment larges chez les jeunes bêtes ; ils sont souvent sur la même ligne que le dos et le plan médian de la croupe ; mais, après plusieurs vêlages, il n'est pas rare de les trouver plus bas que la partie antérieure de cette dernière région.

La croupe est ordinairement courte, souvent saillante dans le plan médian, avec un assez grand écartement des hanches ; mais elle est souvent défectueuse dans sa partie postérieure, parce qu'elle manque de largeur. Si quelques vaches ont la croupe un peu avalée, on peut dire que le plus grand nombre l'ont horizontale.

Il y a des vaches chez lesquelles la queue est un peu grosse à la base et paraît se détacher un peu trop en avant sur la croupe; ces vaches laissent généralement à désirer sous bien d'autres rapports ; mais chez le plus grand nombre la queue est fine à la base et bien attachée, ordinairement longue, mince, terminée par un fort bouquet de crins ondulés qui sont presque toujours de couleur blanche.

L'ancienne race bretonne a les membres courts, les avant-bras longs, peu musculeux, le gigot peu descendu; elle a les articulations sèches et étroites, de beaux aplombs du devant, les jarrets souvent rapprochés, mais toujours la partie inférieure des extrémités d'une sécheresse et d'une finesse remarquables.

La vache bretonne a les pieds petits, secs, noirs, et pourvus d'une bonne corne.

Dans le pays où on produit cette race, il est assez rare d'en trouver dans un état d'embonpoint satisfaisant. Elles ont le plus souvent les muscles un peu émaciés; mais cela tient au peu de nourriture qu'on leur donne. Cependant, si on fait attention que la race bretonne est celle qui, toutes choses égales d'ailleurs, a le système osseux le moins développé, il ressort évidemment de cette organisation qu'elle est facile d'entretien.

La vache bretonne a ordinairement la peau très-fine, souple et libre ; en même temps, elle a le poil fin, court et lustré ; lorsqu'elle a les poils gros, longs et un peu piqués, sa peau est plus épaisse, comparativement à la précédente : on dit alors que la bête est dure.

Les vaches bretonnes ont une allure vive et décidée ; elles supportent bien la marche. Quoique d'un tempérament sanguin, un peu nerveux, elles ont un caractère doux et agréable. Il n'y en a pas de méchantes pour l'homme.

La vache bretonne a les veines mammaires (vulgairement veines de lait) grosses et flexueuses, ce qui annonce un grand travail dans les glandes qui sécrètent le lait (mamelles) ; elle a le pis volumineux, souvent de couleur jaunâtre : il est placé en avant, a une forme ovalaire (dans un grand nombre de races, le pis a la forme d'un sac, et se trouve situé un peu en arrière) ; il est divisé en quatre hémisphères ou quartiers égaux, au centre desquels il y a un mamelon que l'on désigne encore sous le nom de trayon.

Tandis que, chez certaines races, le pis est souvent charnu, on peut dire que celui de la bretonne n'en impose pas par son volume, car il se réduit à presque rien après la traite : il est pourvu d'une peau très-mince, souple, et recouvert d'un léger duvet.

Si on peut parfois reprocher à la vache bretonne d'avoir les trayons un peu courts, rapprochés et d'un petit diamètre, il faut reconnaître qu'elle n'en a que quatre, attendu qu'on ne voit pas les rudimentaires.

Nous ne connaissons pas de race française qui présente un aussi grand nombre de sujets si bien marqués pour le lait, d'après le système Guénon, que la race bretonne du Morbihan.

La plupart des vaches bretonnes peuvent être classées dans les flandrines, quelques-unes dans les courbe-lignes, un petit nombre dans les lisières, souvent avec couleur jaunâtre et furfuracée de la peau du pis, à la queue et dans l'intérieur des oreilles.

En Bretagne, on a généralement l'habitude d'exposer les vaches en vente, soit peu de temps avant la mise bas, soit quelques jours après, ou longtemps après le vélage : dans le premier cas, on leur donne beaucoup à manger avant de les mettre en foire, dans le but de faire croire qu'elles sont avancées de veau ; dans les deux autres cas, on laisse deux ou trois traites dans le pis pour qu'il soit bien plein, afin de persuader à l'acheteur que

VACHE DE RACE AMÉLIORÉE,

âgée de 4 ans.

les bêtes viennent de vêler et qu'elles sont bonnes laitières.

Au commencement de ce chapitre, nous avons dit qu'il y avait deux types de race pure dans le département du Morbihan. Tout ce que nous venons d'exposer s'applique principalement à l'ancienne race dite des landes du Morbihan : il ne nous reste plus qu'à indiquer les caractères auxquels on reconnaît la nouvelle race de la même contrée.

Vache améliorée. — Toutes les espèces animales domestiques peuvent être facilement modifiées dans leurs formes, leur taille et leurs aptitudes, sous l'influence de l'alimentation et du choix raisonné de bons appareillements.

L'état cultural du département du Morbihan laisse encore beaucoup à désirer, cela est vrai ; mais il est bien reconnu qu'il est dans de meilleures conditions qu'autrefois.

A une époque, la race bovine du Morbihan ne quittait pas son pays, elle n'était pas connue ; elle vivait, pour ainsi dire, comme abandonnée dans les vastes landes ; on s'occupait fort peu de son alimentation, et encore moins de son alliance.

Mais, depuis quelques années, la lumière a pénétré jusque dans les plus pauvres demeures de la Bretagne. Que les faibles progrès agricoles obtenus soient attribués aux besoins ou à toute autre cause, toujours est-il qu'il en est résulté une plus grande production du sol et une meilleure nourriture pour les bestiaux.

A partir du moment où la race bretonne a été appréciée dans quelques contrées de la France et en Espagne, il a été acheté un très-grand nombre d'animaux de cette race, et dès lors, les cultivateurs du Morbihan, reconnaissant que les bêtes de choix se vendaient beaucoup mieux que les autres, il en est résulté qu'ils se sont occupés de l'alimentation et de l'alliance de leurs bêtes bovines, partant de leur amélioration.

Voilà par quels moyens la nouvelle race a été créée. On n'a pas importé dans le pays de nouveaux types; ce n'est pas par croisement qu'on l'a formée, c'est seulement en donnant une meilleure nourriture et en faisant un choix judicieux de bons reproducteurs.

Aujourd'hui on rencontre un assez grand nombre de bêtes bretonnes améliorées pour pouvoir s'en procurer; elles ont assez d'importance pour qu'on s'en occupe.

De ce que l'on a dit que le département du Morbihan était arriéré sous le rapport agricole, nous ne croyons pas qu'il soit resté stationnaire. Nous constatons bien que les améliorations s'opérent lentement, mais elles portent avec elles l'empreinte du savoir et de la réalité.

La race bovine que nous avons désignée sous le nom de nouvelle, et à laquelle on pourrait conserver celui de race du Morbihan améliorée, se reconnaît à sa taille plus élevée : elle a de 1 mètre 10 à 1 mètre 30 au garrot, plus de longueur de corps, la ligne du dessus plus horizontale ; mais elle a conservé la même robe, les indices des mêmes qualités. Eu égard à sa conformation, la race améliorée est toujours levrettée pendant le jeune âge. Ce n'est guère avant quatre, cinq ou six ans que le corps lui descend. A partir de cette époque, elle paraît moins vive ; elle a des allures plus lentes, et tout nous porte à croire que, par suite des modifications qu'elle a subies, elle n'a plus le même tempérament que la souche d'où elle provient ; elle est d'un tempérament sanguin. Examinée dans son ensemble, c'est la race bretonne grandie, allongée, possédant proportionnellement les mêmes aptitudes.

En regardant attentivement l'une et l'autre race, nous remarquons que l'ancienne a le regard vif et doux tout à la fois et, dans son faciès, une certaine expression qui annonce la finesse et l'intelligence ; chez la race améliorée, au contraire, le regard est calme, sans expression, et tout indique une intelligence bornée. Comparativement à la première, elle paraît hébêtée.

Tout en reconnaissant les grands avantages qui ont été obtenus en développant l'espèce bovine du Morbihan, nous devons constater aussi qu'elle a sensiblement perdu de son mérite aux yeux d'une certaine classe d'amateurs.

En effet, l'ancienne race des landes du Morbihan, lorsqu'elle est devant un château, sur le gazon, est bien plus gentille, plus mignonne; elle produit bien plus d'effet que la race améliorée. Cela étant connu, toutes les fois qu'il s'agira de satisfaire le caprice d'une châtelaine, il faudra lui procurer la petite vache morbihannaise; on devra l'envoyer aussi dans les contrées peu herbeuses et les landes; mais, lorsque des propriétaires ou des cultivateurs, placés dans de bonnes conditions, voudront avoir des vaches pour obtenir d'abondants produits, c'est la race améliorée qui leur donnera les meilleurs résultats.

Taureau des landes. — Le taureau de pure race bretonne se rencontre dans les mêmes localités que les vaches dont nous venons de parler.

Pour le reproducteur mâle, de même que pour la femelle, il y a, dans le département du Morbihan, deux types bien distincts : l'un représente l'ancienne race dite des landes; l'autre la race améliorée.

TAUREAU DES LANDES,

âgé de 2 ans ½.

Le petit taureau des landes est toujours pie-noir; il a, le plus ordinairement, le poil court et plus lustré que les vaches, surtout lorsqu'il est arrivé à un certain âge; mais les nuances de sa robe sont également bien distinctes et à lignes de démarcations tranchées. En avant de la nuque, il présente une certaine quantité de longs poils hérissés, qui forment un véritable toupet. On estime surtout ceux de ces animaux qui ne sont pas tout noirs, et on tient à ce qu'ils soient marqués en tête.

Examiné dans son ensemble, le taureau représentant l'ancien type morbihannais est trapu; il n'a guère plus de 1 mètre 6 ou 7 centimètres au garrot à l'âge de deux à trois ans. Il devient cependant beaucoup plus grand et plus fort que sa mère, mais il se développe lentement. Il a la tête courte et large à sa partie supérieure. Vu de face, il est impossible de le prendre pour une vache. La couleur de son mufle est le plus souvent noire. Outre ces caractères extérieurs, il faut qu'il ait la langue blanche et que le palais, la face interne des joues, soient de la même couleur; des taches noires dans l'intérieur de la bouche annoncent toujours qu'il n'est pas de pure race. Du reste, lorsqu'un taureau du Morbihan a des taches noires dans l'intérieur de la bouche, il est rare qu'il présente la finesse de la peau et des extrémités, ainsi que tous les autres caractères extérieurs annonçant la pureté de la race.

Les cornes sont toujours courtes, un peu grosses et légèrement contournées en avant ; elles sont tantôt blanches, tantôt noires et luisantes, mais plus souvent rugueuses et d'un noir mal teint. L'encolure du taureau est courte, et ne devient guère forte et rouée avant l'âge de deux à trois ans.

Lorsqu'un taureau a du fanon et surtout si ce fanon paraît s'étendre jusque sous la gorge, on peut dire qu'il n'est pas de pure race bretonne, attendu que l'absence de fanon est un des caractères de la race. Il a le poitrail suffisamment large, proportionnellement à sa taille et à sa force ; le garrot est le plus souvent large, le dos est bien arrondi, les côtes sont convenablement placées et assez descendues. En général, les taureaux de cette race ne sont pas sanglés ; ils ont les reins assez larges, courts, et sur la même ligne que le dos et la croupe ; cette dernière région est souvent un peu courte, quelquefois horizontale et assez bien établie, sous le rapport de sa largeur en avant et à sa partie postérieure, parfois un peu trop avalée sur les côtés. Le taureau breton a la queue fine et pourvue d'un beau fouet, le corps cylindrique, les épaules un peu musclées, le gigot souvent peu saillant et peu descendu ; quelquefois les jarrets trop rapprochés, mais toujours la partie inférieure des membres fine et sèche ; les pieds sont petits et pourvus d'une bonne corne.

Le taureau breton a un air vif et décidé, il a de la fierté, il est très-agile et vigoureux, mais il n'est pas naturellement méchant. La plupart des taureaux bretons peuvent être classés dans les courbe-lignes, avec coloration jaune des bourses et de l'intérieur des oreilles, ce qui indique les qualités laitières et beurrières.

On rencontre bien peu de taureaux bretons au-dessus de trois ans ; ils sont peu nombreux dans le pays, et on n'a pas l'habitude de les mettre en foire.

Pendant nos tournées dans le Morbihan, nous avons appris que les domaniers conservent le plus souvent comme reproducteurs les mâles qui paraissent avoir le moins d'avenir. Ainsi, lorsqu'un jeune taureau de cinq à six mois annonce devoir faire un beau bœuf, on le fait opérer immédiatement.

Taureau amélioré. — En donnant la description de la vache bretonne des landes du Morbihan, nous avons dit que, sous l'influence d'une meilleure alimentation et de l'application des

principes d'un bon appareillement, on était parvenu à donner un plus grand développement à la
race bovine du pays.

Les mâles, de même que les femelles, ont profité
de ces avantages, et on distingue parfaitement
aujourd'hui le taureau de l'ancienne race des landes du Morbihan, de celui que nous disons appar-
tenir à la race améliorée du pays.

Les taureaux représentant ce type sont du même
pelage que ceux de l'ancienne race, mais ils deviennent plus grands et plus forts; on reconnaît
également leur pureté à l'examen de la bouche.

Lorsqu'on les examine dans leur ensemble, on
remarque qu'ils ont les lignes plus saillantes; ils
n'ont pas, surtout dans le jeune âge, la roton-
dité de formes qu'on observe souvent dans les
mâles de la race des landes.

A l'âge de trois ans, il y en a qui ont au garrot
la taille de 1 mètre 12 jusqu'à celle de 1 mètre 30
et quelques centimètres; plusieurs ont la tête un
peu allongée, ce qui fait que, vus de face, on les
prend parfois pour de jeunes bœufs; ils ont les
poils de la partie antérieure et supérieure de la
tête longs et hérissés; leur encolure est courte;
chez un certain nombre, l'attache de la tête a
quelque chose de disgracieux, soit parce que celle-
ci semble trop détachée de l'encolure, soit parce

Lith. Oberthur, Rennes.   Ed. Vaumort.

TAUREAU DE RACE AMÉLIORÉE,

âgé de 4 ans.

qu'il existe sous la gorge un certain repli de peau qui la fait paraître lourde et empâtée. Toutes les fois que la race de Quimper est croisée avec celle du Léon, on observe cette dernière particularité.

Le garrot n'a pas toujours proportionnellement autant de largeur qu'il faudrait. Quelques-uns ont la région costale un peu aplatie, surtout du haut, ce qui fait que le dos manque de largeur ; les reins sont longs, de moyenne largeur, sur la même ligne que le dos et le garrot, à peu de chose près au niveau de la croupe qui est en outre très-inclinée de chaque côté ; mais cette dernière région est souvent beaucoup trop étroite à sa partie postérieure, et nous considérons ce défaut comme capital. Les taureaux de cette catégorie ont le plus souvent les cuisses comme les grenouilles, c'est-à-dire plates ; ils ont ordinairement les jarrets droits et bien placés.

Lorsqu'on rencontre de ces taureaux chez de bons domaniers, ils sont moins hauts de membres, ont le poitrail plus développé, la côte plus ronde, le dos, les reins et la croupe plus larges, la culotte plus prononcée et le ventre moins gros, ce qui fait dire que les premiers sont des sardines comparativement à ceux-ci. Il y en a de bien défectueux, à ventre de vache et derrière pointu.

En général, les taureaux améliorés ont la croupe

plus longue que les autres, la queue partant de l'extrémité de cette région, c'est-à-dire bien attachée. Il est bien rare qu'on ne remarque pas chez eux, de même que les vaches améliorées, une petite dépression transversale à quelques centimètres en avant de la naissance de la queue et à la partie supérieure. Plusieurs ont le cuir fin et souple, les os menus, mais on en trouve aussi qui ont un peu trop de cuir.

Ils sont le plus souvent laitiers et beurriers.

Ils sont généralement doux, mais ils n'ont pas la démarche fière et décidée des taureaux représentant l'ancienne race.

Bœuf. — Le bœuf breton est bien plus grand et plus fort que la vache ; il existe une telle différence entre lui et elle que beaucoup de personnes ont de la peine à croire qu'il en soit issu. Le bœuf de pure race se reconnaît aux mêmes caractères que la vache et le taureau. Du moment qu'il est pie-alezan, il est évident que, quoique né dans le département, il n'est pas de la pure race morbihannaise dont nous nous occupons.

Plusieurs domaniers estiment les attelages de bœufs dans lesquels il y en a un pie-noir et l'autre pie-alezan. Ces attelages sont assez rares, mais on prétend dans le pays que deux bœufs ainsi assortis ont plus de mine et représentent mieux que

BŒUF,

âgé de 3 ans.

lorsqu'ils sont tous les deux de la même robe. Il y a quelques années, il en était de même pour les attelages de chevaux de luxe.

On rencontre des bœufs de deux sortes : les uns, de la taille de 1 mètre 25 à 30 et quelques centimètres au garrot, appartiennent à la petite race des landes ; d'autres, ayant de 1 mètre 40 à 1 mètre 46 et même 49 centimètres, peuvent être considérés comme types de la race améliorée.

A part cette différence dans la taille, on peut dire qu'ils ont de nombreux traits de ressemblance.

Les bœufs bretons sont pourvus de cornes longues, souvent blanches à la base et noires au bout ; elles sont luisantes, parfaitement égales sous le rapport de leur contour et de leur direc- tion ; de moyenne grosseur à la base, elles vont diminuant de plus en plus jusqu'à la pointe, qui est très-fine ; portées un peu en avant, relevées vers la pointe, leur aspect en impose par le dan- ger qu'il pourrait y avoir, si ces animaux voulaient s'en servir ; mais, comme ils sont doués d'un bon caractère, il n'en résulte pas d'inconvénient.

Alors que les taureaux ont les cornes si courtes et rugueuses, on est surpris de voir celles des bœufs si longues et si polies : la castration et l'âge plus avancé sont les deux causes de cette différence. Ceux qui produisent ou élèvent les bœufs bretons attachent une telle importance à la direction et à la finesse des cornes, qu'ils ont soin de les gratter de temps en temps et même de les faire contourner. Cela est facile. On prend un petit linge avec lequel on enveloppe la base de la corne, on le mouille avec de l'eau froide ; on enduit avec un corps gras la portion de corne qui est à nu, on prend un morceau de fer un peu chaud que l'on approche modérément de cette partie, puis, avec une douille dans laquelle on loge la corne, on la contourne à volonté.

Les taureaux sont généralement opérés pendant leur jeune âge ; il en résulte qu'ils ont la tête sèche et mince, l'encolure courte, large de haut en bas, mais peu épaisse ; le poitrail est suffisamment large, la côte est ronde et bien descendue, le garrot, le dos, les reins et la croupe sont à peu de chose près sur la même ligne et d'une bonne largeur. Chez tous, le plan médian de la croupe domine plus ou moins les côtés ; la queue est souvent attachée trop haut, elle est toujours longue et mince.

Le bœuf breton n'a que peu ou point de fanon ; il a ordinairement la peau mince et souple ; son ventre est conformé suivant l'abondance des pâturages ou des greniers que l'on met à sa disposition ; il a les épaules peu musculeuses et le gigot souvent trop plat ; la jambe et l'avant-bras sont peu musclés, mais toujours les extrémités inférieures sont fines et annoncent le peu de développement du système osseux.

Il y a bien quelques bœufs qui ont les genoux rapprochés, mais ce n'est pas un reproche à faire à cette race, car elle a le plus ordinairement de beaux aplombs du devant.

Parmi les bœufs de la petite race, il n'est pas rare d'en trouver ayant les jarrets rapprochés, tandis que chez ceux de la race améliorée, les membres postérieurs sont bien d'aplomb. Le bœuf breton marche le pas aussi vite que le cheval, nous pouvons dire qu'il trotte bien et soutient long-temps cette allure, car nous l'avons souvent vu à l'épreuve courir pendant plusieurs lieues devant des diligences ou d'autres voitures.

En résumé, on ne peut contester que les bœufs de race bretonne du Morbihan soient bien conformés.

CHAPITRE VI.

Qualités des races bretonnes du Morbihan.— Système d'élevage.

———

Les agriculteurs considèrent toujours les animaux comme des machines produisant des rentes ou du travail ; du moment qu'ils ne paient pas largement la nourriture et les soins qu'on leur donne, ils n'en obtiennent pas tous les avantages qu'ils en attendent.

Que le riche propriétaire, après avoir élevé à grands frais un bel animal, ait atteint le but qu'il se propose, cela se comprend ; mais il ne peut en être de même pour le plus grand nombre des cultivateurs.

Nous croyons devoir faire connaître les moyens généralement employés pour la production et l'élevage de l'espèce bovine dans le Morbihan, afin qu'on soit à même de pouvoir apprécier les améliorations et les avantages qui pourraient résulter de la mise en pratique des bonnes méthodes sanctionnées par l'expérience.

Constatons, tout d'abord, qu'il est bien rare que

le taureau et la vache soient dans des conditions favorables pour produire des sujets forts et vigoureux.

Sans chercher à faire de la physiologie transcendante, nous pouvons dire qu'il est admis que de reproducteurs mâles, dans de bonnes conditions et vigoureux, naissent le plus ordinairement des individus réunissant les dispositions nécessaires pour acquérir les qualités et la force de ceux qui les ont procréés. Pour les mêmes motifs, on doit redouter les conséquences qui peuvent résulter de l'emploi d'un mâle trop jeune, maigre et épuisé, surtout s'il est mis en rapport avec une femelle qui soit dans le même état.

Du succès de la fécondation ne dépend pas seulement l'obtention d'une bonne progéniture; de bonnes semences, confiées à une terre en bon état, on n'obtient de belles récoltes qu'autant qu'on leur prodigue les soins nécessaires pendant leur végétation : il en est de même pour les diverses espèces animales. La vache qui est en mauvais état au début de la gestation, celle qu'on continue à traire, celle qu'on nourrit avec parcimonie pendant toute cette durée, doivent nécessairement donner des produits bien chétifs; ils naissent viables, voilà tout; mais cela ne suffit pas, attendu que le présent est loin de garantir l'avenir.

Comme on agit souvent de la sorte et que l'on obtient souvent de semblables résultats, l'existence de la race paraît inexplicable dans certains cas.

Il est reconnu que les taureaux sont rares dans le département du Morbihan; c'est pour cela qu'on emploie le plus ordinairement ceux qui se trouvent à proximité, sans tenir compte des qualités, de la conformation, ni de la pureté de la race.

Un grand nombre de taureaux sont employés trop jeunes, d'autres sont beaucoup épuisés parce qu'on les fait trop souvent fonctionner et qu'on ne les nourrit pas suffisamment.

Lorsqu'on fait choix d'un reproducteur, ce à quoi on attache le plus d'importance, c'est à la couleur de la robe : il est *gare-noir*, c'est-à-dire pie-noir; cela suffit.

Les vaches pleines ne sont pas l'objet de soins particuliers; elles sont conduites de la même manière que le reste du troupeau; mais comme il y en a beaucoup qui donnent du lait jusqu'au moment de la mise bas, il est d'usage qu'on continue à les traire. Ainsi, non seulement la vache doit fournir les éléments nécessaires au développement du fœtus, mais on exige encore qu'elle donne son lait, et tout cela pour peu ou presque pas de nourriture.

Les génisses sont conduites au taureau dès l'âge d'un an, quinze mois au plus tard ; il n'est pas rare d'en rencontrer ayant un veau à l'âge de vingt mois. En été, après la traite du matin, les vaches laitières sont conduites avec tout le troupeau, soit dans les landes, soit dans les prés après la fauche, dans des pâtures mal soignées ou des champs de chaume.

Le plus ordinairement, les vaches et les élèves vivent de ce qu'ils peuvent ramasser au dehors ; on ne les met à l'étable que pour les traire et les abriter pendant la nuit.

En hiver, pendant la traite du matin, les vaches reçoivent à l'étable un peu de paille de froment, d'avoine ou de mil, parfois un peu de foin, puis on les *pousse* dans la lande. Pendant l'hiver, dans les fermes les mieux tenues, les vaches laitières ont, en outre, deux litres de pommes de terre ou de citrouilles mêlées avec un peu de son et d'eau.

Lorsqu'une vache vient de vêler et qu'elle a nettoyé son veau, on lui tire un peu de lait qu'on fait avaler au nouveau-né ; lorsque le veau a assez de force pour pouvoir téter, on ne lui donne rien.

Si la vache a fait son veau à l'étable, elle y séjourne parfois pendant vingt-quatre heures ; mais comme cela arrive le plus souvent dans la lande,

alors on la fait rentrer pour lui donner un peu
d'eau tiède avec un peu de son et de foin. Il est
bien rare que le lendemain du vêlage la vache
n'aille pas dans la lande; on lui met une petite
couverture en toile qui descend jusqu'au milieu
de la région des côtes, on l'attache à la base de
la queue et devant le poitrail : voilà toutes les
précautions que l'on prend.

Pendant quelques jours après le vêlage, on continue à la couvrir toutes les fois qu'on la conduit
au pâturage ou sur un champ de foire.

On élève de préférence les veaux provenant
d'une bonne vache laitière ; on ne s'occupe pas de
savoir s'ils sont bien ou mal conformés, mais il
arrive assez fréquemment que tout le troupeau de
l'exploitation a été produit par la même vache ou
ses filles alliées à des mâles en provenant.

Tandis que, dans quelques contrées de la France,
on n'*attache* les veaux (cela veut dire qu'on les
garde pour élever) qu'à certaines saisons de l'année, dans celles où l'on rencontre la race bretonne,
on le fait indistinctement à diverses époques.

La manière dont on élève les veaux est bien
simple : en été, on les laisse téter pendant quinze
jours à trois semaines, rarement un mois, puis
on leur donne un peu de lait étendu d'eau tiède
et quelques brins d'herbe. En hiver, ils sont nour-

ris avec un peu de lait, de l'eau tiède, du son et quelques plantes desséchées.

Lorsque les veaux ont pris un peu d'âge, on leur donne du lait caillé, mélangé avec du son et de l'eau, et ils vont, avec le troupeau de l'exploitation, chercher dans les landes le surplus de la nourriture qui leur est nécessaire.

Depuis le sevrage jusqu'à l'âge d'un an à dix-huit mois, les veaux mâles et femelles sont bien chétifs, surtout pendant l'hiver. Réduits à se nourrir sur les landes, il faut convenir que leur existence est bien problématique.

En nourrissant convenablement les animaux pendant le jeune âge, il en résulte des avantages dont ils ressentent les bons effets pendant toute leur vie. Reconnaissons donc qu'il faut que la race bretonne soit douée d'une bien grande force vitale pour pouvoir résister, vivre et donner des produits, malgré les privations qu'elle endure depuis sa naissance, souvent même avant, jusqu'à l'âge de quatorze à quinze ou seize ans, qui est le terme le plus long de sa vie.

Le plus ordinairement, c'est à l'âge de quelques mois qu'on fait *tailler* les mâles, afin d'en faire des bœufs de travail.

A l'âge d'un an à quinze mois, on commence à atteler les bœufs ; ils ne doivent pas rendre beau-

coup de force, car ils ressemblent à une paire de
chèvres. Il est d'usage qu'on les fasse travailler
jusqu'à l'âge de six à huit ans, et on leur donne
tous les soins que permet l'état de culture du pays.

On doit reconnaître que, si les cultivateurs du
Morbihan ne nourrissent pas mieux leur bétail,
surtout en hiver, c'est qu'ils n'ont pas les ressources nécessaires pour le faire. En effet, il n'en
est point qui n'affectionnent leur troupeau, et
ne lui témoignent leur reconnaissance par des
caresses. La garde du troupeau n'est jamais confiée
à des enfants; elle est la tâche la plus douce des
femmes et des vieillards.

Nous savons bien que les domaniers sont doués
des meilleures intentions à l'égard de leurs bœufs
et de leurs vaches, mais cela ne suffit pas : il faut
qu'ils fassent des fourrages pour donner des preu-
ves de l'intérêt qu'ils leur portent.

Pendant l'été, les bœufs de travail sont mis
dans des pâturages qui sont désignés dans le pays
sous le nom de *parcs à bœufs*.

En hiver, on leur donne un peu de foin, de la
paille de froment ou d'avoine, parfois de l'ajonc
pilé, exceptionnellement, quelques feuilles de
choux, et on les envoie dans la lande chercher le
surplus de la nourriture qui leur est nécessaire.

Il n'y a pas de contrées, en France, autre que

la Bretagne, dans lesquelles on nourrisse les bœufs de travail avec autant de parcimonie.

Les bœufs bretons rendent cependant de grands services ; on ne peut contester leur énergie ; ils produisent beaucoup plus de force que leur corpulence ne semble l'annoncer ; et, vivant journellement de privations, il faut qu'ils aient beaucoup d'âme pour pouvoir soutenir aussi long-temps la fatigue.

Cependant, ce sont ces bœufs qui jouissent d'une si grande réputation auprès des meilleurs bouchers de la capitale, lorsqu'ils ont été engraissés par les cultivateurs bretons ; ils fournissent une viande entrelardée et à grain fin que les gourmets trouvent très-bonne et très-savoureuse.

On engraisse les bœufs dans toutes les parties du Morbihan, mais c'est surtout sur le littoral qu'on engraisse le mieux. Les bœufs maigres se rencontrent dans l'ouest et le nord-ouest du département où les cultivateurs des contrées nord et est vont les acheter à l'âge de deux à trois ans.

Quant aux vaches vieilles et usées, elles sont généralement consommées dans un rayon peu éloigné ; dans les grands domaines, il est d'usage de tuer annuellement une ou deux vaches ; les autres sont vendues du côté de Napoléonville, Locminé et Ploërmel.

Comme les vaches provenant du littoral sont ordinairement en bon état, elles sont plus recherchées , mais elles ne sont pas exportées bien loin.

Il y a des domaniers qui engraissent des bœufs pendant l'hiver seulement, d'autres pendant l'été ; mais la plupart le font indistinctement, suivant les ressources alimentaires qu'ils ont à leur disposition.

Aussitôt les semailles faites, on commence à mieux nourrir les bœufs que l'on veut engraisser, afin de les vendre en février, mars ou avril ; pour obtenir ce résultat, on leur donne du foin, de la paille, du son de froment, de l'avoine, parfois du froment et souvent du seigle en grain.

Lorsqu'on veut engraisser les bœufs à l'époque du printemps, on les met à pâturer dans des enclos réservés pour eux ; on leur donne, en outre, des navets montés, du seigle en vert, du son de froment, un peu d'avoine et du seigle en grain.

Par l'emploi de ces moyens, les bœufs bretons s'engraissent promptement et nous pouvons ajouter convenablement. Aussi les marchands normands et parisiens viennent-ils sur les principales foires faire concurrence aux gens du pays qui expédient un grand nombre de têtes par Dinan, Saint-Malo ou Granville, pour aller en Angleterre. On a remarqué que les marchands de Paris accordent la préférence aux bœufs les plus forts.

Pour les personnes qui n'ont pas visité les foires du Morbihan, il peut paraître étonnant que, dans un pays où il y a tant de rochers et de landes, on s'occupe non seulement de la production du bétail, mais même de l'engraissement des bœufs. L'on est en effet surpris quand on arrive un jour de foire, et surtout dans l'hiver, dans un petit village qui compte à peine quelques maisons, de voir une réunion de deux à trois mille bœufs, si près les uns des autres qu'on pourrait sans peine, en faisant des *enjambées* ordinaires, aller d'un côté de la foire à un autre en marchant sur eux.

On ne peut s'empêcher d'admirer ces animaux lorsqu'ils sont ainsi préparés pour la boucherie, si on compare leurs formes arrondies aux formes anguleuses des bœufs jeunes et des bœufs de travail.

Examinez une paire de bœufs bretons dans ces conditions et se rendant à une foire du pays; ils sont élégamment cornés, ils portent la tête haute, ils ont le regard fier, la démarche vive et aisée; ils ont le corps cylindrique, le garrot, le dos, les reins et la croupe très-larges et sur la même ligne; les épaules et la culotte sont également bien conformées : et quel remarquable cuir !

Pour faire croire que les bœufs ont été engraissés principalement avec du grain et des farineux, les domaniers les saupoudrent avec de la farine par dessus le corps; de même aussi, pour que l'acheteur ne doute pas que les bœufs aient été engraissés à l'étable, on se garde bien de leur faire tomber *la bouse* qu'ils ont à la face externe des cuisses. Il y a des bœufs qui en ont une telle quantité qu'on serait tenté de croire qu'ils ont été mis à dessein dans cet état.

Tels sont les usages suivis en Bretagne; dans un avenir prochain, ils pourront bien subir des modifications, mais il y aura fort à faire pour cela.

Maintenant que nous avons fait connaître le régime auquel sont soumises les vaches laitières du Morbihan, grand nombre de personnes se poseront la question suivante: étant bien reconnu que ce n'est que le surplus de la nourriture nécessaire à l'entretien de l'animal qui fournit les matériaux propres à la formation du lait, comment peut-il se faire que celles-là soient réputées bonnes laitières alors qu'elles ne mangent pas leur content?

Il résulte des renseignements qui nous ont été donnés sur les lieux, par des personnes très-compétentes, que la moyenne de la quantité de lait qu'une vache donne journellement dans le pays, d'un vêlage à l'autre, est de 4 à 5 litres, soit annuellement de 1,460 à 1,825 litres, suivant la manière dont elle est nourrie.

Dans le Morbihan, il y a des petites vaches de lan le qui donnent jusqu'à 10 et 12 litres de lait; les plus grandes, appartenant à la race améliorée, en donnent de 12 à 14 et même jusqu'à 16 litres.

Lorsqu'on demande aux ménagères du Morbihan si leurs vaches sont bonnes, elles vous répondent souvent : elle donne 4 livres, celle-là donne 6 livres, celle-ci donne 7 livres; elles veulent dire par là que telle vache donne 4 livres de beurre, telle autre 7 livres par semaine.

En résumé, la race bretonne prospère dans un pays où aucune autre race française ou étrangère ne pourrait vivre; elle est très-rustique, toujours en bonne santé, est bonne pour le travail et possède à un haut degré les aptitudes laitières, beurrières et d'engrais.

CHAPITRE VII.

Reproches qu'on fait à la race morbihannaise.

———

Cette race, qui a été pour ainsi dire méconnue du reste de la France, jusque dans ces derniers temps, a été critiquée par des individus qui n'étaient pas à même de l'apprécier et ne la connaissaient pas.

On lui a reproché :

1° Sa petite taille ;

2° Son entretien dispendieux, comparativement à son rendement en lait ;

3° Son peu d'aptitude à l'engraissement ;

4° Enfin, on lui conteste encore son aptitude au travail.

On lui reproche sa petite taille. — Nous avons déjà dit : chaque race a sa raison d'être ; c'est à l'influence de la nature qu'il faut attribuer toutes celles que nous avons en France.

On ne doit pas ignorer que toutes les contrées de notre territoire ne sont pas également fertiles ; s'il en est qui aient été plus favorisées de la nature les unes que les autres, ou que le génie de l'homme ait rendues plus prospères, il y en a encore beaucoup dont la culture est peu avancée et dont le sol est pour ainsi dire délaissé.

On doit tenir compte de ces différences.

Du moment que les bêtes bovines sont soumises à un régime presque pastoral, malgré l'état de domesticité, et eu égard à la puissance de la nature, elles revêtent une certaine conformation, elles prennent des proportions variables, qui sont toujours en rapport avec les influences climatériques, la richesse du sol et la nature des plantes dont elles se nourrissent.

On aime bien le cheval de Tarbes pour la selle, le fort cheval boulonnais pour le gros trait; l'artillerie apprécie le cheval breton, etc., etc. Enfin, nous avons un certain nombre de variétés de l'espèce chevaline, et nous nous en trouvons bien; d'abord, parce que nous pouvons les employer pour divers services en rapport avec leur conformation; ensuite, parce qu'il est bien démontré que certaines races conviennent mieux dans telles contrées que dans telles autres.

De ce que quelques personnes tendent à amener toutes les races bovines françaises au même type, faut-il se laisser entraîner à de pareils errements? Nous ne le croyons pas.

Qu'on considère l'espèce bovine comme machine produisant de la viande, du lait, du travail et du fumier, soit ; mais, dans tous les cas, il faut avoir de quoi l'alimenter convenablement.

Tout en reconnaissant que la vapeur est d'une grande utilité, est-ce à dire pour cela qu'il faille y avoir recours dans toutes les exploitations rurales? Cependant, on peut l'employer comme force motrice de la charrue, pour le battage des grains, etc., etc. La conseiller à tous les cultivateurs, dans tous les cas où elle serait applicable, ce serait un leurre !

Nous savons bien qu'on peut faire venir du blé dans les contrées les plus incultes ; on en voit même parfois sur les édifices les plus élevés ; est-ce à dire, pour cela, qu'il faille chercher à cultiver le froment sur les rochers les plus abruptes de la Bretagne?

Il faut reconnaître que chaque plante a sa place marquée et qu'elle a ses exigences pour pouvoir avantageusement se développer et produire.

C'est pour ces motifs que nous admirons le dahlia dans un jardin bien tenu, l'ajonc épineux dans la lande; les grandes races anglaises dans de bonnes étables, à côté desquelles il y a des greniers d'abondance, et nous trouvons la race bretonne parfaitement placée, sous le rapport des ressources et des besoins agricoles, dans le département du Morbihan et ses analogues.

Au point de vue de l'amour-propre de quelques personnes, nous comprenons qu'une étable composée de bestiaux de grande taille ait plus d'apparence, plus de prix et produise plus d'effet; mais en matière agricole, cela se résume ainsi: produire avec bénéfice.

Ce n'est pas le tout que de montrer un animal de grande taille, lors même qu'il produira plus qu'un petit; s'il revient à plus cher qu'il ne vaut, s'il coûte plus d'entretien qu'il ne rend, non seulement il n'y a pas d'avantage à en avoir de la sorte, mais en bonne administration agricole, c'est un animal qui ne convient pas.

Ce n'est jamais qu'à grands frais qu'on réussit à élever des animaux de grande taille dans une contrée où la production du sol n'est pas assez abondante pour pourvoir amplement à leurs besoins; de pareils animaux sont en effet incompatibles au pays.

On pourrait dire : peut-être ne ferait-on pas tout ce qu'on peut, sans l'espérance de faire plus qu'on ne pourra. Il ne faut cependant pas oublier le proverbe suivant : qui peut plus, peut moins; car il est de la plus haute importance en matière de production animale.

Il y a toujours un certain nombre de vaches dans chaque exploitation agricole ; on les nourrit pour atteindre deux résultats : le premier, c'est pour l'entretien de la vie, le second pour en obtenir des veaux, du lait et du fumier.

Si tous les cultivateurs agissaient avec prévoyance, s'ils cherchaient à bien se rendre compte de toutes leurs opérations, ils seraient exposés à un bien moins grand nombre de déceptions; mais il y en a beaucoup qui marchent au hasard.

Après de nombreuses expériences, on est parvenu à savoir qu'il fallait 830 grammes de foin ou leur équivalent, pour l'*entretien de la vie seulement*, pour chaque 50 kilogrammes de poids vivant des bêtes à cornes.

Voilà la ration *nécessaire, indispensable* ; mais si l'on n'en donne pas davantage, il faut s'attendre que la bête ne *rendra rien* ; elle pourra *vivre* sans augmenter de taille ou de force, ni maigrir.

Si l'on se bornait à donner journellement la ration précédente, il est évident, attendu qu'elle n'a d'autre effet que de faire vivre l'animal, qu'il n'y aurait pas d'avantages à en espérer ; cette alimentation serait donnée en pure perte.

Au point de vue des intérêts agricoles, les animaux n'ont de valeur qu'autant qu'ils produisent des bénéfices ; or, à quoi serviraient ceux qui ne paieraient pas la nourriture et les soins qu'on leur donne ? A manger le profit et à contribuer à la ruine des cultivateurs.

Lorsqu'une bonne vache est convenablement nourrie, elle donne du lait et se maintient en bon état. Ce n'est donc que dans ces conditions qu'il y a de l'avantage à avoir un nombreux troupeau.

Dans un grand nombre d'exploitations rurales, nous avons souvent remarqué que le bétail était en bon état pendant une partie de l'année (la bonne saison), tandis qu'il maigrissait pendant une partie de l'hiver (la mauvaise saison).

Du moment qu'une bête ne reçoit pas la quantité de nourriture nécessaire (830 grammes de foin par 50 kilogrammes de son poids vivant), elle ne meurt pas immédiatement, mais elle cesse de se maintenir dans l'état, elle maigrit considérablement, parce qu'elle vit de sa graisse.

Pour obtenir des produits d'un animal, il faut lui donner une quantité de nourriture suffisante pour le *rassasier*, parce que ce n'est que le surplus de la nourriture nécessaire pour vivre qui est dépensé par le travail, qui produit du lait ou de la viande. On pense généralement que, pour *rassasier* un animal de l'espèce bovine, il faut qu'il ait par jour, pour nourriture, par chaque 50 kilogrammes de son poids vivant, 1 kilogramme

666 grammes de foin ou son équivalent; plus quatre trentièmes de son poids en eau ou autre liquide.

Convenons donc qu'il y a toujours avantage à avoir de petits animaux bien nourris, plutôt que d'en avoir de grands, lorsqu'on n'a pas de quoi les nourrir abondamment. Une petite vache coûte toujours moins à nourrir qu'une grande : tandis qu'avec telle ration, la dernière n'aura que juste assez de quoi tenir debout, avec la même quantité d'aliments la vache de petite race sera vigoureuse, en état et donnera du lait.

On objectera peut-être que, dans les grandes villes, où les droits d'octroi sont perçus par tête et non au poids, comme il en coûte aussi cher pour un petit bœuf que pour un grand, les bouchers pourront faire des difficultés ou n'achèteront qu'à prix réduit; oui, cela se dit, mais ce n'est réellement pas sérieux.

On a bien prétendu que les droits d'octroi par tête tendaient à déprécier les animaux de petite race; nous ne le pensons pas, parce que bouchers et consommateurs en connaissent la valeur : cependant, nous croyons que les droits d'octroi au poids seraient bien plus équitables, attendu qu'ils n'auraient pas l'inconvénient de favoriser plutôt telle contrée que telle autre.

Nous savons bien qu'il y a avantage à avoir des animaux de grande taille dans les pays où l'agriculture est prospère, ainsi que là où il y a de riches pâturages; mais si les droits d'octroi par tête produisaient tous les effets que quelques personnes en attendent, les pays où la culture est peu avancée et où on rencontre principalement des animaux de petite taille seraient bien mal traités.

Nous ajouterons, en outre, que la viande provenant de bestiaux de petite taille, des bœufs bretons surtout, est bien entrelardée, a le grain bien plus fin et est généralement meilleure que celle provenant des animaux de grande race.

Lorsqu'un boucher fait l'acquisition d'un bœuf, il le paie suivant son poids de viande et surtout suivant la quantité de suif qu'il peut fournir. Or, comme deux bœufs, de 200 kilos chacun, peuvent fournir plus de suif qu'un bœuf de 400 kilos, il en résulte que, proportion gardée, les petits bœufs sont achetés plus chers que les grands.

On objectera peut-être aussi que la population allant toujours croissant, il faut tendre à n'avoir que des animaux de grande race afin de pouvoir plus facilement subvenir aux besoins de l'espèce humaine.

Dans un pays où les fourrages sont rares, les bestiaux de grande taille ont de la peine à vivre;

ils sont toujours maigres et à l'état de squelette, tandis que ceux de petite race y sont ordinairement en chair. Comme ce n'est pas avec des os qu'on nourrit l'homme, et que les animaux de petite race présentent un plus fort poids de viande que les animaux de grande race placés dans les mêmes conditions, il en résulte encore que l'avantage est en faveur des petites races.

On prétend que les petits animaux ont plus d'os, plus de cornes, plus d'issues, proportionnellement à leur poids; mais cela n'est pas encore démontré.

L'expérience prouve journellement qu'un petit bœuf est bien nourri avec 15 kilos de fourrages, tandis qu'il faut 30 kilos pour pouvoir rassasier un grand : il en résulte donc que la capacité de l'appareil digestif est moitié moins grande chez le premier que chez le dernier.

En ce qui concerne le poids et le volume du système osseux, nous espérons bien qu'on ne nous opposera pas cette objection; du moment qu'il s'agit de la pure race bretonne, elle est sans fondement. En effet, la race bretonne se fait surtout remarquer par la finesse et la ténuité de sa charpente osseuse. Toutes proportions gardées, nous croyons qu'elle peut entrer en parallèle avec toutes les grandes races.

Non seulement la race bretonne est supérieure à un grand nombre d'autres, parce qu'elle présente moins de déchets; mais par cela même qu'elle a le système osseux peu développé, il est facile de comprendre pourquoi elle est d'un entretien si peu dispendieux. On est parvenu à savoir en effet que ce qui coûtait le plus de nourriture à confectionner et à entretenir, c'est le système osseux, et qu'il en coûte plus pour nourrir des os que pour faire de la graisse et pourvoir au développement musculaire.

De nombreuses observations ont constaté que le poids et le volume des os présentent de grandes différences, suivant les races bovines; ainsi, pour la nantaise et la vendéenne, on a trouvé que le poids des os frais d'un bœuf gras (sans comprendre la tête, ni les membres depuis les genoux et les jarrets), équivaut au sixième du poids de la viande nette.

Cela étant démontré, nous n'hésitons pas à admettre que, si tous les os d'un animal des races normande, vendéenne, nantaise ou suisse ayant fourni 400 kilos de viande, étaient placés dans une balance, leur poids l'emporterait de beaucoup sur celui des os de deux bœufs bretons du poids de 200 kilos chacun.

De ce que le cuir a son utilité et qu'il se vend au

poids, il ne faut pas conclure qu'on doive chercher à avoir de préférence des animaux de grande taille et ayant l'enveloppe cutanée très-épaisse.

Il y a des races bovines chez lesquelles la peau est beaucoup plus épaisse que dans d'autres. Les premières sont toujours plus dures de nourriture. Non seulement il y a avantage à avoir des animaux à peau fine, parce qu'ils coûtent moins d'entretien, mais encore parce que les peaux se vendent plus cher. Le prix des cuirs peut varier suivant les usages auxquels on les destine; mais, le plus ordinairement, ceux qui sont minces, souples et qui ont du nerf, se vendent plus cher.

Les peaux provenant des bestiaux de race bretonne réunissent toutes ces conditions.

On objecte encore qu'il faut presque autant de logement pour un petit animal que pour un grand. Cela est vrai; mais, comme il est peu de contrées où les étables soient convenablement disposées et aérées, il ne peut en résulter qu'un grand avantage, attendu qu'il faut moitié moins d'air pour un bœuf de 200 kilos que pour un bœuf de 400 kilos.

Il y a des personnes qui prétendent que les soins pour un animal de petite race étant les mêmes que pour un grand, il y aurait avantage à n'avoir que des animaux de grande taille, parce qu'on remplacerait le nombre par la force et la grosseur. Mais cette objection n'a pas une grande valeur. Comment ! parce qu'on serait exposé à avoir, dans certains cas, un plus grand nombre de domestiques, il faudrait renoncer aux animaux de petite race dans les contrées où on ne peut pas nourrir ceux qui sont de grande taille ?

Il ne faut pas se dissimuler que les meilleures méthodes agricoles tendent à augmenter considérablement le nombre de bras. Avant la culture des plantes sarclées, on employait bien moins de personnes et on les payait moins cher qu'aujourd'hui. Malgré le surcroît de dépenses, on engage fortement les agriculteurs à étendre de plus en plus la culture des plantes sarclées, parce qu'il est reconnu qu'elle procure des bénéfices.

Il n'est pas démontré que, dans toutes les circonstances, il soit nécessaire d'avoir un plus grand nombre de petits animaux que de grands, car cela dépend le plus souvent des résultats que l'on veut obtenir. Le fumier d'un petit animal bien nourri sera supérieur à celui d'un grand qui ne le sera pas suffisamment. Il en sera de même pour le travail, le rendement en lait et en viande.

Par cela même qu'il y a un plus grand nombre de petites bourses que de grandes, les petites races trouvent toujours plus d'acheteurs que les grandes : on ne peut donc pas leur refuser d'être plus de défaite.

On a été jusqu'à invoquer les chances de perte ou d'accidents, soit par maladie ou toute autre cause. En vérité, voilà encore une objection sans fondement.

La race bretonne n'a jamais été décimée par les épizooties, qui ont fait tant de ravages dans les autres contrées de la France ; elle n'est pour ainsi dire jamais malade. Tandis que pour le vêlage et dans un grand nombre d'autres circonstances, les grandes races demandent des soins, on ne s'occupe pas de la vache bretonne qui fait son veau dans la lande avec autant de facilité qu'une poule pond son œuf.

Sans parler de la phthisie pulmonaire ou pommelière, qui est très-rare chez les bêtes bretonnes, tandis qu'elle est assez commune chez les races de grande taille, nous croyons pouvoir soutenir que la race bretonne est une des plus rustiques que l'on connaisse.

Enfin si, contre toute attente, quelque bête de petite race venait à succomber, soit par accident, soit par maladie, la perte serait moitié moins grande que pour une bête de forte taille.

En résumé, pour les raisons qui précèdent, la race bretonne n'est pas trop petite et elle jouit de qualités qui la rendent bien plus précieuse qu'un grand nombre d'autres qui sont plus grandes. Elle se trouve dans les meilleures conditions et on ne saurait trop faire pour la propager.

On lui reproche son entretien dispendieux comparativement à son rendement en lait. — Parmi les races bovines françaises, il y en a qui sont entretenues pour le travail, d'autres comme bêtes de rente, toutes finissent par l'abattoir.

Selon les provinces que l'on examine, nous trouvons de grandes différences dans les habitudes industrielles des agriculteurs ayant pour but de tirer le meilleur parti possible de l'espèce bovine ou de ses produits.

Il y a des contrées dont la principale industrie rurale consiste dans la production et l'élève des bêtes bovines ; il y en a d'autres qui produisent et élèvent, non seulement pour la vente, mais encore pour le travail et la boucherie ; il y en a aussi dans lesquelles on entretient du bétail uniquement pour en obtenir du lait.

Suivant les localités, les agriculteurs ont l'habitude de vendre le lait en nature ou bien de le transformer en beurre ou en fromage.

Dans ces derniers temps, il y a eu des amis de l'humanité qui ont pensé que les agriculteurs ne devaient plus s'occuper de l'espèce bovine qu'au point de vue de l'engraissement ; il fallait renoncer à la faire travailler et à en extraire du lait pour la fabrication du beurre et du fromage.

L'idée de changer des habitudes qui datent de temps immémorial a été suscitée par le désir de faire jouir tout le monde des avantages pouvant résulter de la vie à bon marché.

Dans chaque pays, dans chaque localité, on peut bien constater qu'il existe certaines routines qui ne présentent pas tous les avantages désirables; mais il ne faut pas se dissimuler aussi qu'il y a des habitudes qui ont véritablement leur raison d'être : elles sont bonnes et sanctionnées par l'expérience.

Nous croyons que les agriculteurs bretons feront bien de continuer à s'occuper de l'industrie beurrière, d'abord, parce qu'elle leur procure certains avantages; ensuite, parce qu'elle est la plus en rapport avec l'état cultural et les habitudes pastorales auxquelles on soumet les bêtes bovines.

On peut bien objecter qu'on obtiendrait plus de lait, si on abandonnait le système de pacage pour celui de la stabulation mixte ou de la stabulation permanente; mais, dans l'état, la production laitière est le parti le plus avantageux que l'on puisse en tirer. D'un autre côté, si on cherche à savoir, au point de vue de l'alimentation de l'espèce humaine, de quelle utilité peut être le lait, qu'on n'oublie pas qu'une quantité déterminée de fourrages donnée à une vache laitière ou à une vache d'engrais, produit beaucoup plus de matières nutritives sous forme de lait que sous forme de chair; on arrive donc à ce résultat, qu'il vaut mieux produire du lait que de la viande.

D'après les expériences qui ont été faites, au point de vue du meilleur parti que la vache à lait ou celle d'engrais peut retirer des fourrages au profit de l'alimentation de l'homme, il paraît que la richesse nutritive du lait l'emporte de deux fois et demie sur celle de la viande.

Sans chercher à entrer dans de plus longs détails pour faire ressortir les avantages que l'on obtient du lait de l'espèce bovine pour les enfants, les personnes malades et l'art culinaire, nous croyons pouvoir dire que l'industrie laitière a sa raison d'être tout aussi bien que l'opération de l'engraissement.

Nous considérons la race bretonne morbihannaise comme étant la meilleure laitière que nous ayions en France. C'est surtout en Bretagne qu'il faut voir la vache de pure race revenir de la pâture au milieu d'un troupeau composé de vaches de grande race; elle est en bon état, rondelette et paraît avoir mangé son content, tandis que les autres sont creuses, paraissent à jeûn et sont généralement maigres.

Pourquoi cela, nous dira-t-on? d'abord, parce qu'il faut moins de temps à une petite bête pour faire son repas dans nos pâtures; ensuite, parce que la petite est mieux organisée que la grande pour pouvoir pâturer ras. C'est donc avec juste raison que les agriculteurs disent dans certains cas : Voilà un bon terrain pour nourrir des lièvres, mais il ne produit pas suffisamment pour le bétail.

On n'a pas contesté à la race bretonne son aptitude à donner du lait; elle est généralement reconnue bonne laitière; seulement, on a prétendu que le lait qu'elle fournit coûte plus de nourriture que la même quantité produite par des races de grande taille.

D'après des expériences faites par Bardonnet des Martels, il résulterait que le litre de lait produit par la vache bretonne coûterait près de 2 kilogrammes de foin ou son équivalent, tandis qu'une vache de race vendéenne produirait la même quantité avec moitié moins de nourriture.

Afin de mettre le lecteur à même de pouvoir apprécier, nous extrayons de l'ouvrage de cet agriculteur le tableau suivant :

	PRODUCTION EN LAIT.			CONSOMMATION. — VALEUR EN FOIN.		
	DURÉE de la lactation.	PRODUIT de la lactation	Produit moyen d'un jour pendant une période de 180 jours, durant la plus grande force du lait.	MOYENNE par JOUR.	RATION d'un jour pendant la période de 180 jours.	Par litre de lait durant cette période.
Durham..........................	460 jours.	3,990 lit.	12 lit. 470	10 k. 880	13 k. »	1 k. 042
Métis Durham....................	300	2,000	8 »	11 310	11 320	1 565
Vendéenne.......................	383	3,984	13 417	14 145	14 »	1 005
Devonne.........................	284	1,310	5 555	10 260	9 001	1 635
Métis Durham....................	381	2,785	7 938	10 821	10 360	1 305
Bretonne du Léon................	373	2,642	7 855	8 465	8 480	1 079
— de Saint-Malo............	385	1,526	5 055	10 153	10 300	2 035
— du Morbihan.............	270	1,122	5 »	8 290	10 370	2 055
— dite des landes du Morbihan	316	2,017	7 911	8 643	8 733	1 104
— du Morbihan.............	257	1,100	4 944	8 299	8 607	1 740

Au premier abord, les apparences de ce tableau sont assez spécieuses pour faire croire que les petites vaches consomment proportionnellement plus que les grandes ; mais si on établit que le maintien d'une vache bretonne (c'est ce qui a eu lieu) au régime de la stabulation permanente influe tellement sur sa sécrétion laiteuse qu'elle perd en partie cette faculté, pour transformer en chair et graisse les aliments qu'on lui donne, alors on comprendra pourquoi elle n'a pas pu soutenir sa juste réputation.

Oui, nous devons le reconnaître, la vache bretonne a véritablement ce défaut (si toutefois il en est un) : du moment qu'elle ne respire plus l'air libre, qu'on la nourrit à l'étable, qu'elle ne va plus dans la lande ou dans des pâturages médiocres ; enfin, du moment qu'elle est soumise au régime de la stabulation permanente, ou transportée dans de riches herbages, elle prend de la graisse et donne moins de lait qu'auparavant.

Cette race a été créée pour les contrées dont l'agriculture est peu avancée, et elle a été faite surtout pour les landes ; gardons-nous bien de la transporter dans les gras pâturages de la Normandie, ou bien elle augmentera de taille, elle prendra d'autres formes, perdra de sa rusticité et reniera son origine bretonne.

Voici un fait contradictoire du précédent :
M. Paturle, des environs de Paris, dans un rapport adressé à la Société impériale et centrale d'agriculture, dit qu'ayant eu des foins et des pâturages de qualités inférieures, il n'a pu trouver à les employer utilement qu'avec un troupeau de vaches bretonnes du Morbihan. La nourriture à l'étable se composait de la ration suivante : regain, 4 kilog.; racines, 5 kilog.; son et remoulage, 3 litres, c'est-à-dire un litre à chaque repas. En somme, cette ration journalière équivaut à près de 7 kilog. de foin. Ces vaches donnaient par jour en moyenne 7 litres de lait; il y en avait qui en rendaient 10, 12 et jusqu'à 18 litres pendant un certain temps. Pendant la durée de la lactation, elles étaient en assez bon état pour faire, au besoin, de bons animaux de boucherie, estimés soit en raison de la qualité de leur viande, soit en raison de la ténuité relative des os ; toutefois, la propriété qui distingue cette race des autres, et qui a été trouvée la plus importante, *c'est celle de produire 1 litre de lait très-butireux pour l'équivalent de 1 kilog. de foin consommé, tandis que, chez les autres races, le même rendement n'était obtenu que par 2 ou 3 kilog. du même foin.*

Après avoir établi un point de comparaison en-

tre le rendement en lait des petites vaches bretonnes et d'autres grandes races du pays ou améliorées, quoique nous soyons convaincu de la supériorité des premières, nous recommandons
bien, toutes les fois qu'on voudra faire des expériences comparatives du même genre, de faire en
sorte que la vache bretonne soit dans des conditions approchant le plus possible de l'état normal dans lequel elle se trouve dans son pays (avec
la liberté du pacage et un peu de supplément de
nourriture à l'étable, la vache bretonne ne laisse
rien à désirer).

Ne voulant pas faire à la vache bretonne une
plus belle part qu'elle ne mérite, n'ayant d'autres intentions que de faire connaître la vérité,
nous pouvons encore arriver à ce résultat par une
autre voie.

En effet, si tous les animaux d'espèces différentes ne possèdent pas au même degré la faculté
d'extraire de tous les aliments les mêmes principes, cela provient de ce qu'ils n'ont pas la
même organisation, et qu'ils n'ont pas également
besoin, dans les mêmes proportions, des mêmes
principes alibiles. Ainsi, le bœuf s'accommode
bien de la nourriture du trèfle en vert, tandis que
le chien ne pourrait pas vivre avec une semblable
alimentation, etc., etc.

Nous croyons pouvoir avancer que tous les animaux de la même espèce jouissent des mêmes facultés d'extraire des mêmes aliments des principes analogues et en proportion de leurs besoins, lorsqu'ils sont également bien conformés et que toutes les fonctions de leur organisme sont dans un rithme normal.

Ainsi, par exemple, si une vache de grande race jouit à un haut degré de la faculté d'extraire du foin tous les principes nutritifs qu'il contient et dont elle a besoin pour son entretien, on doit forcément admettre qu'une vache de petite race en fera tout autant pour une quantité donnée du même fourrage.

Pour ce qui est de la transformation en lait, en viande ou en os, des principes extraits des aliments donnés, cela dépend de certaines conditions et aptitudes particulières.

Il y a eu des personnes qui ont prétendu que les vaches à poitrine étroite étaient généralement bonnes laitières, tandis que celles à poitrine ample et spacieuse étaient plus aptes à l'engraissement. Elles croyaient que le sang n'avait pas besoin d'être aussi parfaitement élaboré pour pourvoir à la sécrétion des mamelles que pour fournir les éléments d'entretien, et ceux propres à faire de la graisse.

On a soutenu depuis, et c'est ce qui nous paraît le plus vraisemblable, que toutes les vaches à poitrine ample, non seulement s'entretenaient bien mieux que celles à poitrine étroite, mais qu'elles donnaient une plus grande quantité de lait. On a été jusqu'à exagérer l'influence que les grandes dimensions de la poitrine pouvaient avoir sur la sécrétion laiteuse, en disant que la quantité de lait était en rapport avec les dimensions de cette région.

Pour ne pas faire fausse route, en cherchant à expliquer tous les phénomènes du ressort de l'économie animale, on doit admettre qu'il y a des races laitières, d'autres qui s'engraissent et donnent du lait; il y en a qui sont très-précoces et jouissent à un haut degré de la faculté de s'engraisser facilement; enfin, il y en a qui se font surtout remarquer pour le travail.

Ces aptitudes sont le résultat de l'influence de la nature, de celle de l'alimentation, de l'éducation, et elles sont variables le plus souvent suivant les races, parfois selon les individus.

La vache bretonne a les os plus fins que les autres races; elle a peu d'issues, est peu musculeuse, et on voudrait faire croire qu'il lui faut une plus grande quantité de nourriture pour faire un litre de lait qu'il n'en faudrait à une vache de grande race, qui a proportionnellement plus d'os, plus de muscles et plus d'issues. Il n'est pas nécessaire d'être Breton pour croire le contraire.

Pour ce qui est de la vache bretonne de Saint-Malo, que l'on fait figurer sur le tableau, ce fait seul tendrait à démontrer que l'expérimentateur ne connaissait véritablement pas la pure race bretonne. Aussi, ne croyons-nous pas que celle classée au n° 8 fût une pure morbihannaise, et nous émettons le même doute pour les suivantes.

Comment, on prendrait la vache de Saint-Malo pour une bretonne ! Mais elle est le résultat du croisement d'un grand nombre de races ; elle est très-exigeante de nourriture, mal conformée ; c'est enfin une mauvaise vache, avec laquelle il faut bien se garder de confondre la vraie bretonne.

Nous dirons encore une fois que nous entendons par race bretonne la pure race morbihannaise.

On ne saurait reprocher à la petite vache bretonne son peu de rendement en lait, proportionnellement à son poids vif, puisque celui qui l'a le plus critiquée avoue que quatre grandes vaches du poids total de 2,030 kilos n'ont donné qu'une moyenne de 40 litres de lait par jour, tandis que quatre petites vaches du poids vif de 1,053 kilos ont produit une moyenne de 23 litres de lait par jour.

Enfin, lors même que la vache bretonne ne donnerait pas proportionnellement à son poids vif une plus grande quantité de lait que la vache de haute taille, lors même qu'on ne lui ferait que l'application des principes généraux admis pour les vaches laitières (la meilleure preuve qu'elle coûte moins à nourrir, c'est qu'il n'est pas possible qu'on lui donne ni qu'elle ramasse une semblable ration dans le département du Morbihan) voyons la position qu'on lui ferait :

Il est reconnu qu'une vache qui donne du lait mange plus qu'un bœuf de travail ou d'engrais. Il est admis qu'avec 16 à 1,700 grammes de foin ou son équivalent par chaque 100 kilos de poids vif, une vache peut être parfaitement entretenue. (Voilà de quoi la faire vivre; c'est ce que l'on appelle la nourriture d'entretien). Mais si on veut qu'elle produise du lait, il faut porter la ration à 3,200 ou 3,400 grammes par 100 kilogrammes de poids vivant. Nourrie dans ces conditions, une vache peut donner 1 kilogramme de lait, ou 28 grammes de veau, si elle est pleine, ou 100 grammes de viande, si elle est à l'engrais, par chaque kilogramme de foin ou son équivalent, en plus de la ration d'entretien.

Le point le plus important, celui dont les détracteurs de la vache bretonne n'ont tenu aucun

compte et qui suffirait pour démontrer sa supériorité, lors même qu'avec la même quantité de
nourriture elle ne donnerait pas plus de lait que
les vaches de grande race, c'est la grande richesse
que présente son lait, comparativement à celui des
autres.

Nous demandera-t-on auquel des deux il faut
accorder la préférence? Est-ce à la quantité ou à
la qualité? Poser une semblable question, c'est la
résoudre. Nous savons cependant qu'il n'en est
pas de même dans tous les cas.

Que le producteur situé près d'une grande ville
s'inquiète fort peu de la qualité du lait, cela se
comprend; son intérêt avant tout; pourvu qu'il
trouve à vendre une certaine quantité, son but est
atteint. Mais, sous le rapport des effets que l'usage
du bon lait peut produire sur les enfants qui sont
privés de celui de leur mère, sous celui de son
action salutaire sur l'espèce humaine en général,
on ne peut contester la haute importance que l'on
doit attacher à sa qualité.

Dans le cas où on préférerait la quantité à la
qualité, l'avantage serait encore en faveur du lait
de la vache bretonne; car, tandis que le lait maigre
et séreux ne saurait être rendu meilleur, il serait
facile d'augmenter la quantité de l'autre en y ajoutant de l'eau.

Dans toutes les exploitations agricoles de la Bretagne, on a l'habitude de transformer le lait en beurre; c'est par ce moyen que les fermiers et domaniers paient la plus grande partie des terres dont ils ont la jouissance.

Ont-ils créé la race bovine qu'ils ont avec les qualités beurrières dont elle jouit exprès pour faire du beurre?

Ou bien se sont-ils adonnés à cette industrie, parce qu'ils ont reconnu les qualités beurrières de la vache bretonne?

La dernière supposition nous paraît la plus vraisemblable, parce que nous croyons que la race bretonne ne doit sa petite taille, ses formes et ses qualités qu'à l'influence de la nature.

La richesse butireuse du lait peut considérablement varier; elle dépend du concours d'un grand nombre de circonstances, telles que la race, la nature, la quantité et la qualité des aliments, l'état sain ou malade, l'état de la gestation, les soins, le logement, l'âge, les saisons, la quantité sécrétée; elle varie suivant qu'on examine du lait provenant de la traite du matin ou de celle du soir, du lait du commencement ou de la fin de la traite, etc., etc.

D'après M. Crud, lorsque ses grandes vaches sont nourries au foin, 10 kilogrammes 4 de lait

donnent 1 kilogramme tant beurre que fromage,
étant pesé le troisième jour après sa préparation ;
lorsque les mêmes bêtes sont nourries complètement au vert, il faut 11 kilogrammes de lait pour
produire la même quantité de beurre et de fromage. Il y a des auteurs qui prétendent qu'il est
nécessaire de 12 kilogrammes de lait, en été,
pour obtenir 500 grammes de beurre, tandis que,
en hiver, avec 8 kilogrammes de lait on obtient
500 grammes de beurre.

Grognier prétend que les vaches charolaises ou
bressannes donnent 500 grammes de beurre avec
9 kilogrammes de lait.

M. Pabst dit qu'en donnant 22 livres de foin par
jour ou l'équivalent, il a obtenu un produit moyen
annuel de 1,609 litres. Selon M. d'Angeville, les
petites vaches de l'Ain, du poids vif de 275 kilos,
avec 100 kilos de foin, produisent 39,6 litres de
lait et encore en travaillant 1/3 ou 1/4 de jour,
tandis que de grosses vaches suisses, avec la
même quantité de foin, ne donnaient que 37,3 litres de lait.

D'après les observations de M. de Sainte-Marie,
inspecteur-général d'agriculture, il faut de 28 à
84 litres de lait des vaches cotentines pour obtenir 1 kilogramme de beurre, tandis qu'avec la
quantité de 22 à 38 litres, provenant de la race
Durham, on arrive au même résultat.

M. Malaguti, doyen de la Faculté des sciences, a bien voulu nous faire les analyses suivantes : une vache suisse-bretonne, de taille au-dessus de la moyenne, pleine de 6 mois, ne donnant que 5 litres de lait par jour, quoique convenablement nourrie, n'a fourni que 24, 25 de beurre par kilogramme de lait, tandis qu'une vache de pure race bretonne des landes du Morbihan, pleine de sept mois, donnant encore 5 litres de lait par jour, a fourni 40, 56 par kilogramme de lait.

Voilà des faits qui nous paraissent assez significatifs pour prouver que la vache bretonne du Morbihan est celle de toutes nos races françaises qui donne le meilleur lait.

Non seulement la vache bretonne donne un lait très-riche et très-abondant, mais encore elle le conserve long-temps, et elle a l'avantage, sur plusieurs autres races, de fournir, quoique étant dans la même étable et les mêmes conditions, du beurre plus jaune, plus fin et plus goûté.

On lui reproche son peu d'aptitude à l'engraissement.—Il est de la plus grande importance pour la nourriture de l'homme que les animaux d'espèce bovine s'engraissent facilement, et, d'un autre côté, plusieurs branches industrielles réclament cette même condition.

Le manque d'aptitude à l'engraissement est une

objection des plus puissantes que l'on puisse invoquer pour déprécier une race bovine, parce que toutes, après avoir fourni du lait ou du travail, finissent leur carrière à l'abattoir.

Parmi les animaux domestiques, il est à remarquer que les agriculteurs accordent généralement la préférence à ceux de l'espèce bovine.

Pourquoi cela? d'abord, parce que ces animaux donnent du lait, du beurre ou du fromage, et qu'ils sont d'une grande utilité pour les travaux des exploitations rurales. Quels avantages! l'espèce bovine est d'un entretien peu dispendieux, d'une vente facile, et en cas d'accident, elle fournit de la viande, du cuir, etc. etc.

Suivant les races, nous savons bien qu'on remarque de grandes différences sous le rapport des dispositions qu'elles présentent pour l'engraissement; il y en a qui jouissent à un haut degré de cette faculté, d'autres qui ne donnent ni perte ni profit; enfin, il y en a qui sont ce qu'on appelle dures de nourriture, et coûtent plus à engraisser qu'elles ne rapportent.

Dans les contrées où l'agriculture est prospère, on peut engraisser toutes les races, pour peu qu'elles soient aptes à prendre la graisse; mais, lorsqu'on ne peut disposer à l'étable que d'une faible quantité de nourriture, et que les pâturages sont peu abondants, on ne réussit jamais à mener à bonne fin l'opération de l'engraissement. On recommande toujours d'accorder la préférence à certaines races rustiques.

On a remarqué que les races qui avaient la poitrine bien développée, s'engraissaient plus facilement que celles qui l'avaient étroite ; cela se comprend : tandis que les fonctions pulmonaires des premières s'opèrent promptement et d'une manière complète, elles s'effectuent lentement chez les autres et d'une manière très-incomplète.

Lorsqu'on fait choix d'un animal que l'on veut engraisser, on prend en considération les formes, l'âge, la taille, le tempérament, la provenance, l'état de santé, l'état de graisse, parfois le sexe, et on subordonne le tout à la méthode que l'on veut suivre.

Les races les plus aptes à l'engraissement ont la tête petite, mince vers son extrémité inférieure, l'encolure courte, étroite près de la tête, allant en s'élargissant vers les épaules, mais mince dans toute son étendue. Le corps est long, le garrot, le dos, les reins et la croupe doivent être larges, charnus et situés sur la même ligne. La charpente doit être formée par des os minces ; il faut que les membres soient courts, minces du bas et pourvus de sabots petits.

Il faut, en outre, que les animaux aient un bon appétit, broient bien la nourriture qu'on leur donne et la digèrent de telle manière que la plus grande partie des principes alibiles qu'elle contient soient absorbés par l'économie animale. Si à cette conformation se joint une peau fine, souple et libre, un poil brillant, un caractère doux et agréable, on est certain d'avoir affaire à des animaux s'engraissant facilement ; tels sont les principaux caractères que l'on recherche dans un animal dont on fait choix pour l'engraissement. Voilà aussi ceux que présente la pure race bretonne.

Lors même qu'il n'en coûterait pas davantage pour produire un poids donné de viande avec un grand bœuf qu'avec deux petits, il vaut mieux, dans un grand nombre de circonstances, en avoir de petite race, parce qu'ils sont plus rustiques et qu'on est plus assuré de mener à bonne fin l'entreprise commencée.

Conseiller de choisir de préférence les bestiaux provenant d'un jeune taureau, ayant été coupés très-jeunes et médiocrement nourris dans de maigres pâturages, n'est-ce pas encore désigner la race bretonne ?

Tous les bestiaux gras ne fournissent pas une viande également entrelardée, à grain fin et savoureux ; il est bien démontré que la race bretonne possède tous ces avantages.

M. Mabyre, de Neuchâtel, qui vient annuellement acheter un grand nombre de bœufs bretons pour les engraisser dans ses herbages, nous disait dernièrement : la race bretonne mise dans les mêmes herbages que la race normande, se comporte de la manière suivante ; elle s'engraisse plus vite, prend plus de suif, son suif est toujours blanc, tandis que celui de l'autre est jaune ; la viande de la première est plus entrelardée, a le grain plus fin ; elle est plus savoureuse ; enfin, les bouchers de Paris me paient la viande des bœufs bretons cinq centimes de plus par livre que celle des bœufs normands provenant des mêmes herbages.

Il faut toujours prendre en considération le laps de temps pendant lequel on doit nourrir abondamment un animal que l'on veut engraisser, attendu qu'il en coûte d'autant plus que le résultat se fait plus attendre.

Eu égard à la bonne organisation de la race bretonne, elle s'engraisse bien rapidement, du moment qu'on la nourrit ; car elle ne refuse rien, elle est capable (disent les gens du pays) de manger des pierres et de digérer des barres de fer.

En effet, dans toutes les positions où on rencontre la race bretonne, on lui rend parfaitement justice sous le rapport de ses dispositions à ne rien refuser de ce qu'on lui donne; il lui arrive bien souvent de ne recevoir à l'étable que les restes des bestiaux de grande race. Cependant, tout le monde connaît l'appréhension que presque tous les bestiaux ont de manger des fourrages laissés par d'autres, c'est-à-dire sur lesquels ont respiré d'autres animaux de la même espèce. Par contre, si la race bretonne ne reçoit que les restes des autres lorsqu'elle est à l'étable, elle prend bien sa revanche pendant son séjour au pâturage. Il faut la voir *travailler à ses pièces*, lorsqu'elle a le bonheur de *tomber de la lande dans le pré*; elle ne se préoccupe pas du beau ni du mauvais temps, pas plus que des objets qui l'entourent; sans tenir compte du goût plus ou moins bon ou mauvais des plantes composant le pâturage, elle rase toute espèce d'herbes au fur et à mesure qu'elle avance.

De ce que la race bretonne est conformée pour courir vite, de ce qu'elle soutient bien la marche, il ne faut pas croire qu'elle perde son temps à folâtrer; lorsqu'elle a mangé son content, elle se couche pour ruminer.

Lorsqu'on a une étable composée de bestiaux de grande taille, il y en a souvent qui ont des indigestions gazeuses (sont météorisés); pour d'autres, il faut aller chercher un vétérinaire, parce que la vache est malade au moment du vélage; avec la vache bretonne, rien de tout cela n'a lieu : pas d'indigestion; il n'est pas besoin d'aide pendant la mise bas.

Pour qu'une bête engraisse vite, il faut qu'elle fasse ses repas en peu de temps, afin de ruminer plus promptement et de pouvoir sommeiller plus long-temps.

Proportion gardée, on ne peut contester à la race bretonne la supériorité qu'elle a sur les autres races de s'engraisser vite et économiquement.

Ces facultés sont tellement prononcées, qu'elles ont tourné à son désavantage dans bien des circonstances; convenablement nourrie, la vache bretonne est bonne laitière et beurrière; si on la nourrit trop abondamment, elle perd de ses facultés laitières, parce qu'elle prend de la graisse.

La bonne vache à lait n'est jamais grasse, dit-on; en effet, cela se remarque souvent, mais lorsqu'il y en a qui digèrent très-bien, si on les nourrit plus qu'il ne le faut pour l'entretien de la vie et fournir les éléments d'une abondante sécrétion laiteuse, il arrive qu'elles font magasin (elles prennent la graisse). Tout le monde a remarqué

que la sécrétion du lait diminue au fur et à mesure que les vaches engraissent ; or , comme la
race bretonne jouit à un haut degré de cette faculté, on doit prendre garde, lorsqu'elle émigre,
de la nourrir trop bien , dans la crainte de compromettre sa réputation en la voyant engraisser et
tarir

Il y a quelques années , un agronome du Li-
mousin envoya chercher un troupeau de petites
vaches bretonnes ; il en fut très-satisfait pendant
les premiers mois, elles donnaient réellement du
lait en quantité et de bonne qualité ; mais, par
suite d'une nourriture trop abondante et trop substantielle, la graisse s'étant développée, elles
perdirent en grande partie leur qualité laitière.

Connaissant les ressources alimentaires du Morbihan, il suffirait d'avoir vu des bœufs gras dans
le pays, pour être bien convaincu de leur aptitude à l'engraissement.

A l'appui de ce que nous soutenons, nous
croyons devoir citer le passage suivant : On ven-
dait à la criée. Une vache bretonne est présentée,
et les experts l'évaluèrent, selon leur devoir, à
112 kilogrammes de viande. La bête fut vendue,
puis abattue et dépecée. Savez-vous ce qu'elle
rendit en poids ? Ses quatre quartiers pesaient
146 kil., le suif 33 et le cuir 17, et, frais déduits, son

rapport en espèces fut de 139 fr. Chacun fut stupéfait. On alla aux renseignements, et l'on apprit que la vache bretonne, ayant quitté le pâturage, avait engraissé sans supplément de nourriture ; on ne lui avait donné ni son ni grain; elle avait reçu simplement par jour 4 kilos de fourrage sec et 7 kilos de betteraves ! On voulut aller plus loin, et l'on apprit que, dans le troupeau dont elle sortait, la production du lait, dans le cours de l'année 1850, avait été de 1 litre par 1,450 grammes de fourrage consommé, et que, si le troupeau avait été acclimaté, il eût donné un quatorzième de plus, comme il donne à Bruté, chez M. Trochu.

La race bretonne est petite, nous le reconnaissons ; mais il ne faut pas oublier que c'est grâce à sa petite taille qu'elle peut subsister dans le pays où on la rencontre ; bien loin de lui en faire un reproche, nous croyons que c'est une qualité.

Oui, au point de vue de la boucherie, elle peut paraître petite ; les vaches ordinaires pèsent de 110 à 130 kilos ; les bœufs donnent un poids vif de 150 à 180 kilos, lorsqu'ils n'ont pas encore été engraissés. Mais, eu égard à leur grande disposition à prendre la graisse, lorsqu'ils sont convenablement nourris, ils deviennent tellement volumineux qu'on a de la peine à les reconnaître. Tandis que soumis au régime ordinaire de leur pays, ils ont les muscles peu développés, les formes un peu anguleuses, voyez-les lorsqu'ils sont gras, ils sont admirables.

Oui, oui, la race bretonne est petite, mais pas si petite ni si indifférente qu'on pourrait le croire; la meilleure preuve que les petites vaches donnent de beaux et bons bœufs, la voici, et il ne faut pas croire que ce soit une exception:

Le 1er avril dernier, avait lieu, à Nantes, un concours d'animaux de boucherie; il y avait un bœuf de pure race bretonne du Morbihan qui pesait 640 kilogrammes, et un bœuf breton du Finistère, de l'âge de six ans, du poids de 755 kilogrammes.

Enfin, la meilleure preuve que les bœufs bretons sont bons pour prendre de la graisse et qu'ils fournissent de la viande très-estimée, c'est que les Normands, les Anglais et les Parisiens nous les achètent proportionnellement plus cher que ceux appartenant à d'autres races de plus grande taille.

Enfin, on lui conteste son aptitude au travail. — Lorsqu'un agriculteur veut acheter ou élever une paire de bœufs pour le travail, non seulement il a en vue d'en tirer du service, mais il compte les vendre plus tard, soit à des herbagers, soit aux bouchers. Dans toutes les circonstances, voilà les deux buts à atteindre; il faut nécessairement que les animaux aient les qualités exigées, ou bien l'agriculteur serait déçu de ses espérances.

Nous savons bien qu'il y en a qui croient que le bœuf n'est pas fait pour le travail; ils prétendent qu'il doit être toujours abondamment nourri, afin de pouvoir être livré de bonne heure à la boucherie. On nous cite pour exemple l'Angleterre.

Mais, si le département du Morbihan était obligé de se soumettre à cette pratique nouvelle, comment ferait-il pour labourer ses terres, comment ferait-il pour entretenir des bœufs à l'étable sans pouvoir en tirer du service pendant leur développement?

Dans les localités où l'agriculture est avancée, nous comprenons qu'on ait un certain nombre de bœufs pour transformer les fourrages en fumier : quelques rations de plus, on ne s'en aperçoit pas; mais vouloir conseiller le même système dans le département du Morbihan, ce serait demander l'impossible.

Dans le département du Morbihan, on ne fait pas travailler les vaches, probablement parce qu'elles sont trop petites, et qu'on considère comme suffisamment rémunérateurs le lait et le beurre qu'elles donnent.

Les frais de culture sont généralement moins

dispendieux avec des bœufs qu'avec des chevaux, le travail est ordinairement mieux fait, et les accidents sont moins à redouter.

Nous avons dit qu'il y avait actuellement, dans le département du Morbihan, 63,237 bœufs. Si les cultivateurs faisaient leurs travaux avec des chevaux, non seulement ils auraient bien plus de peine à entretenir ces derniers, mais ce serait 63,237 bœufs de moins pour la boucherie.

Au lieu de blâmer l'usage des bœufs pour les travaux agricoles, nous sommes porté à croire, d'après ce que nous avons observé, que si leur emploi se généralisait davantage, on obtiendrait la viande à plus bas prix, et on aurait plus de facilité pour améliorer l'espèce chevaline.

Nous ne conseillerons, dans aucun cas, d'avoir recours aux attelages mixtes (bœufs et chevaux attelés ensemble); dans les concours comme dans les exploitations agricoles où on les emploie, nous avons reconnu qu'ils présentaient un grand nombre d'inconvénients.

Si les agriculteurs ne devaient exiger que du travail de l'espèce bovine, ils auraient plus d'avantage à avoir le buffle; mais, comme il fournit de mauvaise viande, les essais qui en ont été faits en France n'ont pas eu de succès.

Dans les exploitations agricoles où on se sert

de bœufs, on prétend que les travaux souffrent,
parce que ces animaux ne marchent pas aussi vite
que le cheval. Dans les terres ordinaires de la Bretagne, deux bœufs du pays, attelés sur une charrue, peuvent bien lutter de vitesse avec deux chevaux placés dans les mêmes conditions.

On ne peut reprocher au bœuf breton d'avoir
des allures lourdes, lentes et pénibles : il marche
avec aisance, vite et long-temps.

Les labours du Morbihan se font généralement
avec la plus grande économie de force, de monde
et de temps. Dans bien des circonstances, nous
avons vu un seul homme commencer le matin à labourer un champ d'un hectare, avec une paire de
bœufs, et l'avoir presque fini le soir : dans le pays,
on nous a assuré qu'on labourait parfois 1 hectare
dans un jour, avec un homme et la même paire de
bœufs.

Il y a des personnes qui prétendent, en outre,
qu'en employant l'espèce bovine pour les travaux
agricoles, on rend sa viande dure, coriace, par
conséquent moins goûtée et moins bonne pour la
boucherie.

D'autre part, on a reconnu que des bœufs, qui
ont atteint leur complet développement en travaillant modérément et recevant une quantité de
nourriture convenable, donnaient une viande plus

nutritive et plus saine, entrelardée, à grain fin, et ayant un meilleur goût.

Nous comprenons bien que, dans les pays de riche culture, on puisse fournir à la boucherie, dans un temps donné, un plus fort poids de viande, parce que le bétail fait moins de déperditions, moins de dépenses ; mais nous doutons encore que la viande de ces animaux soit aussi bonne que celle des nôtres.

Comme preuve de ce que nous avançons, nous ferons remarquer que ce n'est pas la rareté de la viande qui fait venir les Parisiens dans le Morbihan, puisqu'ils consentent à la payer 10 c. de plus par kilogramme que celle fournie par des bœufs d'autres races.

Il faut donc reconnaître que l'emploi du bœuf pour les travaux agricoles présente des avantages incontestables.

Adoptant les idées qui ont une certaine tendance à se propager, nous aurions bien pu éluder la question de travail concernant l'espèce bovine ; mais nous aurions perdu une occasion pour faire ressortir les qualités de la race bretonne.

Lorsqu'on fait choix d'une paire de bœufs pour le travail, on prend toujours la taille en considération. Ceux de moyenne taille sont, dit-on, préférés ; il y en a cependant qui recherchent ceux de grande taille.

Dans certaines contrées de la France, il peut se faire que l'on ait besoin d'avoir des bœufs de grande race pour faire les travaux agricoles; mais dans un grand nombre d'autres, il n'en est pas ainsi.

Tandis qu'on ne peut disposer que d'une petite quantité de nourriture, puisqu'on laboure aisément avec deux bœufs de moyenne taille, pourquoi ne continuerait-on pas de même? C'est de la routine, dira-t-on : deux grands bœufs ont plus d'apparence. Le luxe est ruineux, surtout en matière agricole; il ne faut pas avoir plus de bestiaux qu'on ne peut en nourrir, ni de plus grands bœufs qu'on n'en peut entretenir.

Des bœufs de moyenne taille, bien nourris, rendront bien plus de force, résisteront plus longtemps, supporteront bien mieux la fatigue que des bœufs de grande taille qui seront maigres et ne seront pas suffisamment nourris.

Le bœuf bien nourri est bien plus fort qu'on ne le pense. Il ne faut pas croire qu'avec deux grands bœufs bien nourris, on puisse faire autant de travail qu'avec quatre bœufs de moyenne taille également bien entretenus.

On a avancé le contraire et on l'a même écrit; mais tous les hommes pratiques vous diront : En fait de chevaux, on obtient un meilleur service de trois petits chevaux que de deux gros; avec quatre petits bœufs, on fait bien plus de besogne qu'avec deux très-grands et très-forts.

Quelle différence dans le service! Tandis que les grands bœufs sont souvent à la gâche, ceux de moyenne taille sont ordinairement dispos et vigoureux.

Le baron Crud dit avoir vu six forts bœufs attelés sur une charrue, qui faisaient un labour très-ordinaire de 20 ares par jour; c'était pour des semailles. Deux labours et un demi-labour revenaient à 294 fr. 93 c. l'hectare.

Dans le même moment, sur un terrain contigu et parfaitement analogue, on faisait un semblable travail avec quatre bœufs, et sur une étendue de 50 ares par jour. Les frais de culture de ce dernier revenaient à 50 fr. 24 c. l'hectare, soit 244 fr. 69 c. de moins par hectare.

Ce n'est pas toujours d'après la taille qu'on doit juger de la force d'un animal. Il y a un grand nombre de chevaux de moyenne taille qui sont bien plus forts que d'autres beaucoup plus grands. Il en est de même pour l'espèce bovine.

Il ne faut pas croire non plus qu'on doive toujours juger de la force d'un bœuf par son poids, car on s'y tromperait bien souvent.

Les bœufs élevés à l'étable, ceux entretenus

dans de gras pâturages et n'ayant pas été habitués au travail pendant leur jeunesse, sont ordinairement mous et d'un tempérament lymphatique ; ils ne conviennent pas pour soutenir la fatigue et ils ne rendent pas autant de force que leur grosseur semblerait l'annoncer.

Les bons bœufs de labour sont de moyenne taille, ont été habitués au travail dès leur jeune âge ; ils sont d'un tempérament sanguin, rendent beaucoup de force et soutiennent long-temps la fatigue.

Le bon bœuf de travail se rencontre toujours parmi les races rustiques et qui ont de l'énergie, c'est-à-dire de l'âme.

En faisant choix de bêtes à cornes pour le travail, on recherche ordinairement la conformation suivante : une poitrine ample, le dos et les reins larges et sur la même ligne, la tête courte, large à sa partie supérieure et recouverte de poils crépus entre les cornes, les cornes lisses, solides, luisantes, l'encolure courte, les membres courts, les onglons petits, noirs, lisses et durs. Les meilleurs bœufs de travail sont vifs, mangent et digèrent bien tout ce qu'on leur donne, se contentent de peu et sont très-rarement malades.

Puisque ce sont là les caractères que l'on recherche dans les bœufs travailleurs, nous ne croyons pas trouver de contradicteurs en avançant que les bœufs de la race bretonne présentent ces caractères.

En résumé, la race bretonne du Morbihan doit être considérée comme étant la plus précieuse que nous ayons en France, tant sous le rapport de sa sobriété que sous celui de ses qualités laitières et beurrières, son aptitude au travail, à l'engraissement et sa rusticité.

Elle convient dans tous les pays où l'agriculture laisse encore à désirer, surtout dans le Morbihan et les contrées analogues.

CHAPITRE VIII.

Croisements de la race bretonne avec d'autres races françaises et étrangères.

———

Dans le département du Morbihan, de même que dans les autres contrées de la France, sans tenir compte des ressources alimentaires ni des qualités de la race du pays, on a généralement adopté le croisement pour base d'amélioration de l'espèce bovine.

Puisque des hommes d'un grand savoir recommandent d'attacher moins d'importance à l'étendue des cultures qu'à la bonne façon et à la mise en pratique des bonnes méthodes agricoles, nous croyons qu'il est de l'intérêt des cultivateurs de faire marcher de front les améliorations du sol et celles des animaux ; mais il faut qu'ils sachent bien que le perfectionnement des diverses races animales réclame nécessairement une plus grande extension dans la culture des plantes fourragères ; qu'ils n'oublient pas de se mettre en mesure de pouvoir disposer toujours et en tout temps d'une bonne et abondante alimentation.

Autrefois, les cultivateurs constataient des faits sans pouvoir s'en rendre compte; aujourd'hui, ils peuvent prévoir à l'avance les résultats qu'ils doivent obtenir.

On a acquis des connaissances analogues concernant le perfectionnement des diverses espèces animales.

Avant les mesures adoptées par les Etats généraux de Bretagne, on ne connaissait, dans l'Armorique, qu'une seule race bovine ; elle était de robe pie-noir, mais plus petite que celle que nous venons de décrire.

C'est à la suite du croisement de la race bretonne avec les races normande, nantaise et vendéenne, qu'on a vu surgir en Bretagne des bêtes bovines de robe pie-alezan et bringées, ayant plus de taille que celles du pays, mais de conformation moins régulière et ne possédant pas les mêmes qualités.

Pendant plusieurs années, la race bretonne n'ayant pas été alliée avec d'autres reproducteurs que ceux provenant d'un premier ou d'un deuxième croisement avec les races précitées, il en est résulté des modifications que l'on peut rapporter aux divers métissages et à l'influence de l'ancien type secondé par la nature de l'alimentation.

Il y a quelques années, de riches propriétaires

ayant été à même d'apprécier le rendement en lait de la race suisse, dans le pays où elle est originaire, eurent l'idée de l'importer en Bretagne, dans le but d'augmenter la taille et le produit laitier de la petite race bretonne.

Ces nouveaux reproducteurs furent dispersés dans le Morbihan, les Côtes-du-Nord et le Finistère. On les croisa indistinctement avec les femelles de race pure, comme avec les métisses, et c'est à la suite de ces diverses alliances qu'on a imprimé aux bêtes bovines de la Bretagne les caractères variés qu'elles présentent.

Après un si grand nombre de croisements sans suite et sans but arrêté, on a tellement abâtardi les bêtes bovines de la Bretagne qu'on peut dire qu'elles sont dégénérées.

On distingue bien la morbihannaise pure et à robe pie-noir de celles du Finistère et du Léon, qui ont la même robe, ainsi que de celles des Côtes-du-Nord et de la carhaisienne qui sont de robe alezan avec plus ou moins de blanc; mais il faut reconnaître que ces diverses races présentent une conformation, des exigences et des aptitudes bien différentes.

Les variétés de l'espèce bovine que nous venons d'énumérer, quoiqu'elles soient le résultat de divers croisements et de métissages peu rationnels, sont assez anciennes pour former autant de types distincts qui constituent de véritables races.

Dans le département du Morbihan, il y a des contrées dans lesquelles on a croisé la race du pays avec la carhaisienne, il y en a d'autres où on rencontre des produits de la race des Côtes-du-Nord avec la morbihannaise.

Sur les foires du Morbihan, on voit un grand nombre de métisses-alezan ou pie-alezan à côté de celles à robe pie-noir de pure race ; dans plusieurs exploitations rurales, il en est de même ; mais le nombre des bêtes abâtardies tend de plus en plus à diminuer.

Par suite des croisements qui ont été faits avec les races précédemment dénommées, nous croyons que dans le Morbihan on a obtenu les résultats suivants :

1° On a grandi l'espèce par l'allongement des membres, sans compensation proportionnelle pour le développement du corps ni des muscles ;

2° On a trop augmenté le volume du système osseux ;

3° Enfin, on a transformé la petite race sobre, rustique et productive en bêtes décousues, dures, ne payant pas la nourriture et les soins qu'on leur donne.

Tels sont les moyens employés et les résultats qui ont été obtenus.

C'est après ces divers essais, onéreux pour les individus et préjudiciables à l'agriculture, qu'on a reconnu qu'on avait fait fausse route ; on aurait bien dû prévoir ces fâcheux résultats.

Quoique certaines races puissent être considérées comme étant de véritables ouvrages de l'homme, il faut convenir qu'on en a plus abâtardi et fait dégénérer qu'il n'en a été amélioré.

Améliorer une race, ce n'est pas toujours une opération aussi simple et aussi facile qu'on pourrait le croire au premier abord.

Il est bien reconnu que, par le croisement, nous pouvons considérablement modifier les
nous possédons ; mais avant d'adopter ce moyen, il faut savoir juger de son opportunité et l'appliquer avec discernement.

On considère généralement comme amélioration toutes les modifications imprimées aux animaux, soit par le régime, soit par le croisement ou toute autre influence ; ainsi, en alliant la petite race bretonne avec celle d'une autre contrée présentant plus de taille, d'autres formes ou aptitudes, on se figure l'améliorer : c'est une erreur.

On sait bien que dans la même espèce il y a des variétés héréditaires présentant de grandes différences entre elles ; que, suivant les lieux et les besoins, il y a avantage à accorder la préférence à telle race plutôt qu'à telle autre. Avant de chercher à transformer une race ancienne, fixe et indigène, non seulement il faut bien la connaître, mais on doit savoir à l'avance quelles sont les qualités qu'on veut lui donner et les ressources dont on peut disposer, sans quoi l'entreprise ne sera que rarement couronnée de succès. Toutes les fois qu'on veut modifier la taille d'une race, c'est une erreur de croire qu'il faille toujours avoir recours au croisement ; on peut augmenter sa force, sa taille et son poids, en lui donnant une nourriture convenable pendant les premiers temps de la vie, mais il ne faut pas oublier que tous les moyens sont impuissants, s'ils ne correspondent pas avec la fécondité du sol.

La meilleure preuve que la taille et le volume des animaux dépendent de la quantité et de la qualité de la nourriture qu'ils ont à leur disposition, c'est que la race bretonne, transportée dans les riches pâturages de la Normandie, atteint presque le volume et la taille des bestiaux de cette contrée dès la seconde génération.

Lorsqu'on veut modifier une race, on se préoccupe fort peu de l'influence des lieux, de la nourriture, du climat, du système agricole, etc., etc.

On compte beaucoup sur la génération ; on a tort,
et c'est parce qu'on agit de la sorte qu'on éprouve
si souvent des déceptions.

C'est après tant d'essais infructueux, avant l'a-
mélioration du sol, sans tenir compte des ressources, des aptitudes ni des besoins, pas plus
que des résultats précédents ni des principes
sanctionnés par l'expérience, que nous voyons
introduire le croisement à la mode dans le département du Morbihan.

On cherche à rapporter toutes nos races françaises au même type. On veut les mettre toutes
dans le même moule ; est-ce pour se jouer
des difficultés ? est-ce pour avoir des bêtes de
luxe ? enfin, est-ce sensé ?

Il n'y a pas une race bovine qui puisse convenir
à tous les pays, qui soit en rapport avec toutes
les diverses phases agricoles, qui réponde aux besoins de tout le monde et qui puisse être élevée
avantageusement dans toutes les circonstances.

Il est vrai que nous avons en France grand
nombre de plantes exotiques qui ne végètent pas
en pleine terre et qui prospèrent bien dans des
serres.

On oublie qu'il en est de même pour les animaux ;
non seulement ceux des races étrangères exigent
une température en rapport avec celle du pays

dont ils sont originaires, mais ils réclament une nourriture, des habitudes et des soins tout autres que ceux auxquels nous soumettons les nôtres.

De ce que, dans certaines contrées, il y a des races possédant telles aptitudes, est-ce à dire pour cela qu'elles les conserveront aussi aisément dans une autre, et surtout qu'elles les transmettront par voie de la génération ?

Malgré les arguments les plus puissants que nous pourrions invoquer, nous ne réussirions pas à convaincre, si nous n'en venions pas aux faits.

Nous avons entendu dire : *La race bretonne est bonne, mais elle est trop petite et tardive. En la croisant avec la race Durham, on la grandira, on la rendra plus précoce et plus apte à l'engraissement.*

Constatons tout d'abord qu'il y a des Français qui croient suivre la voie anglaise en croisant toutes nos races avec les leurs ; ils sont persuadés que nos voisins ont dû avoir recours au croisement pour perfectionner leurs races ; ils espèrent obtenir les mêmes résultats en employant seulement le croisement.

Tout en rendant justice aux Français qui sont passionnément Anglais, tout en admirant comme eux la belle conformation des races anglaises, tout en reconnaissant l'importance des aptitudes qu'elles possèdent, nous croyons qu'ils sont par trop séduits ou éblouis.

S'il ne s'agissait que de quelques imitateurs riches, nous nous garderions bien de leur adresser des observations, parce qu'après tout, ils ont les moyens de faire des essais; ils peuvent bien satisfaire leurs caprices; mais, à leur exemple, un grand nombre de cultivateurs ont cru devoir adopter la même ligne de conduite.

Pendant un certain temps, manquant de renseignements précis pour savoir comment les Anglais étaient parvenus à perfectionner leurs races, on comprend facilement qu'on ait pu croire et attribuer ces résultats à la science; mais, du moment qu'on a pu voir par quels moyens et qu'on les a vus à l'œuvre, enfin, alors que la lumière a été dégagée du prisme, il était facile de se raviser. En effet, écoutons ce que disent les plus célèbres éleveurs anglais : il y en a qui sont partisans de la consanguinité, *in and in*; d'autres prétendent qu'il faut avoir recours à des individus de la même race, mais de familles différentes; enfin, il y en a qui conseillent le croisement.

Pour ce qui est de la taille des reproducteurs, nous voyons des opinions contraires : tandis que les uns choisissent des mâles plus petits que les femelles, il y en a d'autres qui accordent la préférence à des taureaux plus grands que les vaches.

Hé bien! malgré cette dissidence d'opinions sur les principales bases de l'amélioration des races par la génération, il est à remarquer que, par l'emploi de moyens tout-à-fait opposés, les Anglais obtiennent toujours les mêmes résultats, tant qu'ils opèrent chez eux.

Le perfectionnement des races anglaises doit être attribué à l'influence du climat, d'une bonne et abondante nourriture, aux bons soins et à la persévérance dans l'application des mêmes moyens, plutôt qu'à la supériorité de connaissances scientifiques.

La meilleure preuve que les Anglais ne sont pas plus habiles que nous, c'est que tous ceux qui sont venus en France mettre en pratique leurs méthodes rurales, même avec leurs bestiaux, n'ont obtenu que de mauvais résultats.

De ce qui précède, nous concluons que ce n'est pas par croisement seulement que les Anglais ont amélioré leurs races.

La race Durham étant réputée très-précoce et très-apte à l'engraissement, on la croise avec la bretonne, pour lui communiquer ses qualités.

Mais, en opérant de la sorte, on ne doit pas s'attendre à augmenter la précocité ni les dispositions à l'engraissement de la race bretonne, attendu que ces deux qualités ne sont jamais que le résultat d'une bonne et abondante alimentation donnée surtout pendant le jeune âge.

La meilleure preuve de ce que nous avançons, c'est que toutes les races françaises qui sont soumises au même régime que les anglaises figurent avantageusement dans les concours de boucherie.

La race bretonne ne le cède certainement en rien pour la précocité aux autres races françaises ou étrangères; mais si on veut en avoir des exemples, ce n'est pas dans les domaines du Morbihan qu'il faut aller.

Comment peut-on espérer pouvoir juger de la précocité de la race bretonne, sachant la manière dont elle est nourrie! Qu'on mette la race Durham dans les landes du Morbihan, non seulement elle perdra sa précocité, mais elle y mourra de faim.

Semez du blé-momie dans un champ qui ne sera pas assez fumé, il rendra bien moins que du froment ordinaire ou du seigle mis dans les mêmes conditions.

Nous dirons même qu'une plus grande précocité de la race bretonne, bien loin de l'améliorer, ne pourrait aboutir qu'à lui faire perdre ses qualités et la déprécier, parce qu'étant plus exigeante, elle ne trouverait plus de quoi se suffire.

Les Anglomanes prétendent cependant avoir obtenu de bons résultats. Ils disent que les métis Durham-bretons sont précoces, plus grands, plus gros, plus aptes à l'engraissement et plus laitiers que la pure race bretonne, sans que pour cela ils exigent plus de nourriture. De quelques faits observés dans les étables des amateurs, est-il possible de conclure à l'efficacité de ce croisement? Faut-il pour cela le conseiller aux domaniers? Nous ne le pensons pas.

Quel mérite de produire des animaux qui coûtent deux ou trois fois plus cher qu'ils ne valent!

Nous soutenons que les métis Durham-bretons ne peuvent pas être entretenus là où la race bretonne pure trouve suffisamment de quoi subvenir à ses besoins, et, lors même que les Anglomanes continueraient leurs essais, nous doutons qu'ils parviennent jamais à remplacer avantageusement la race bretonne.

Mais avant de dire qu'on doit avoir recours à la voie du croisement pour améliorer une race, il faut savoir si c'est au premier, au deuxième ou au troisième croisement qu'on y arrive.

Veut-on transformer la race bretonne?

Nous avons vu un grand nombre de produits

croisés Durham-bretons. Malgré tous les soins dont ils avaient été l'objet, nous n'avons pas trouvé chez eux la finesse ni les qualités laitières de la race bretonne.

Où sont donc les avantages de ce croisement, qui fait perdre à la race bretonne sa rusticité, sa sobriété, ses qualités laitières et beurrières et son aptitude au travail ? M. Magne, professeur à l'Ecole d'Alfort, dit avoir vu, en 1853, des métisses Durham dans la Loire-Inférieure; elles n'étaient pas mauvaises pour le lait, mais elles laissaient à désirer à cet égard : on leur préférait les métisses normandes.

Tous ceux qui ont visité l'Exposition universelle de 1856 ont été à même de voir des métisses Durham-bretonnes qui avaient été élevées dans les meilleures conditions pour pouvoir faire ressortir tous les avantages de ce croisement.

Le savant directeur de l'Ecole impériale d'agriculture de Grand-Jouan, M. Rieffel, avait des métisses Durham-bretonnes, avant 1843; il a été un des premiers à s'occuper de ce croisement, il l'a continué; voyons quels sont les résultats qu'il a obtenus après douze ou quinze ans d'expériences.

Parmi les animaux exposés par les établissements de l'Etat, il y avait, dans la catégorie de la race Durham-bretonne, sous le n° 17, une fe-

melle de 25 mois, *Angéla*, demi-sang, Durham-
bretonne, pelage rouan-clair ; son père *Nard*, sa
mère *Agnès*, née à Grand-Jouan.

Elle avait la tête un peu longue, le mufle rose,
les cornes courtes, jaunâtres et rugueuses, l'épaule
droite et confondue en avant avec l'encolure qui
était courte et mince ; en arrière de l'épaule, elle
présentait une légère dépression de la région costale ; le poitrail était peu large, la côte un peu
plate ; elle avait le garrot assez large, bien plus
bas que la croupe, de telle manière que le dessus
de la bête représentait un plan incliné d'arrière en
avant ; le milieu de la croupe était saillant, mais
avalé de chaque côté. Ses extrémités étaient
fines, la peau mince ; elle paraissait très-longue,
proportionnellement à la taille, qui était de 1 mètre 18 au garrot. D'après le cordon de Dombasle,
elle pouvait produire 187 kilog. 500 de viande
nette. D'après le système Guénon, elle était dans la
classe des flandrines de cinquième ordre. Examinée
dans son ensemble, elle n'accusait pas de sang
Durham ; on l'aurait plutôt prise pour une vache
des Côtes-du-Nord ou des environs de Rennes.

Au n° 18, se trouvait une femelle âgée de
vingt-cinq mois, *Aréthuse*, demi-sang, Durham-
bretonne, rouan-moucheté ; son père *Nard*, sa
mère *Agnès*, née à Grand-Jouan. Elle avait le

mufle rose , la tête moyenne , les cornes courtes ,
jaunâtres , rugueuses et minces , le cou court et
mince, la côte un peu plate et légèrement sanglée,
le sternum fortement projeté en avant ; extrémités fines , cuir moins mince que chez la pure
bretonne, mais il était souple et libre ; plus basse
du devant que du derrière. Elle avait 1 mètre 16
de taille au garrot , pouvait donner 181 kilos de
viande , d'après le cordon de Dombasle. Classée ,
d'après le système Guénon , dans le cinquième ou
sixième ordre des flandrines , elle était un peu plus
longue de corps que la précédente (de la pointe de
l'épaule à la partie postérieure de la fesse, elle mesurait 1 mètre 55 de longueur); mais, si on n'avait
pas su qu'elle avait du sang Durham , on l'aurait
considérée comme étant originaire du même pays
que la précédente.

Sous le n° 19 , il y avait une vache de l'âge de
six ans , de la taille de 1 mètre 27 au garrot , nom-
mée *Fanny*, déclarée trois quarts sang Durham-
breton , de robe blanche , par le taureau *Darling*
et *Patricienne* , née à Grand-Jouan. Elle avait la
tête courte , moins sèche que les précédentes , les
cornes jaunâtres , portées en avant et recourbées
vers les yeux; cuir souple, libre et peu épais; la
poitrine moyenne , la côte un peu plate. Elle mesurait 1 mètre 70 de la pointe de l'épaule à la pointe

de la fesse; elle avait les canons courts et minces,
les jarrets larges et rapprochés, les avant-bras assez musculeux. Vue dans son ensemble, elle était
plus basse du devant que du derrière, avait le train
postérieur proportionnellement plus gros que le
devant, et annonçait le poids de 283 kilos au cordon Dombasle. Classée dans les flandrines des derniers ordres, on déclarait cependant qu'elle donnait de 14 à 15 litres de lait par jour. A la visite
de cette vache, on reconnaissait le sang Durham,
principalement dans la tête, la conformation de la
croupe, le développement du train postérieur et
des avant-bras.

Au n° 20, figurait *Kelly*, vache de six ans et
demi, ayant un quart de sang Durham, de robe
rouan, par le taureau *Mac-Verax* et *Blain*, née à
Grand-Jouan. Elle avait la taille de 1 mètre 19 au
garrot, la tête et le cornage des vaches bretonnes
des environs de Rennes; cuir un peu épais, mais
très-souple. Elle mesurait 1 mètre 60 de la pointe
de l'épaule à l'angle de la fesse, accusait 175 kilos
de viande au cordon de Dombasle, pouvait être
classée dans les flandrines du premier ordre, avec
épi babin; son pis était fin et de couleur indienne.
Examinée dans son ensemble, eu égard à ses
formes anguleuses, à l'attache de la queue, etc.,
etc., il était impossible de reconnaître du sang

Durham dans cette vache. On nous a affirmé qu'elle produisait plus de 20 litres de lait par jour.

Sous le n° 21, on voyait *Ossina*, vache de un quart sang Durham-breton, par le taureau *Veraco* (on ne cite pas sa mère), sous poil gris ardoisé, avec quelques plaques blanches, de l'âge de sept ans et demi, de la taille de 1 mètre 19 au garrot. Elle avait les cornes fines, courtes, recourbées en avant, rudes et de couleur terreuse. Elle pouvait être classée dans les flandrines des ordres moyens, mesurait 1 mètre 55 de longueur de la pointe de l'épaule à la fesse, et pouvait donner 203 kilos de viande nette d'après le cordon de Dombasle. D'après les renseignements fournis par les personnes de l'établissement, elle donnait jusqu'à 15 litres de lait par jour. A la vue de cette vache, il n'était pas possible de reconnaître qu'elle avait du sang Durham.

Au n° 22, il y avait une vache de neuf ans, ressemblant à celles des environs de Rennes lorsqu'elles sont grasses. Elle était trapue, avait le ventre gros et pouvait être classée dans les flandrines ordinaires.

Après avoir visité les six métisses qui précèdent, nous croyons pouvoir déduire les conclusions suivantes :

1° Le croisement avait été fait avec la race bretonne des Côtes-du-Nord, au moins pour les n°s 17, 18, 19, 20 et 22;

2° Le taureau Durham n'avait pas autant racé qu'on aurait pu s'y attendre;

3° On pouvait tout aussi bien attribuer les quelques caractères indiquant les dispositions plus grandes à prendre la graisse aux bons soins et à la bonne nourriture qu'à l'influence du sang Durham;

4° Il en est de même pour le poids plus élevé;

5° Enfin, nous croyons que le croisement Durham n'a apporté aucune modification avantageuse sur la production laitière.

Voilà les résultats qui ont été obtenus à l'aide de soins bien entendus, d'une bonne alimentation et du croisement. Si, au lieu de faire ces essais dans un établissement de l'Etat, on eût voulu opérer chez de simples fermiers, il est probable qu'on aurait eu à constater autant d'insuccès.

Cependant il est bon de tenir compte qu'il s'agit de la race bretonne des Côtes-du-Nord, qui a été croisée par la race Durham.

Parmi les femelles croisées qui étaient au même concours et appartenaient à des particuliers, nous avons remarqué, sous le n° 1226, une vache Durham-bretonne de 1 mètre 25 au garrot, du poids de 228 kilos 500 net, ayant 1 mètre 60 de la pointe de l'épaule à la fesse, âgée de vingt-cinq mois, signalée rouge pâle. Elle était de robe noire ; elle avait les cornes noires et fines, le milieu de la croupe saillant comme la race bretonne du Morbihan : elle était plus forte ; on reconnaissait bien qu'elle n'était pas pure ; mais elle accusait peu de sang Durham ; elle présentait la marque flandrine ordinaire de la race bretonne.

Ailleurs, nous avons vu des métisses et des métis Durham-bretons du Morbihan. Les femelles étaient plus fortes, plus grandes, avaient des formes plus arrondies, la peau plus épaisse ; mais elles paraissaient généralement moins bien marquées pour le lait et le beurre que la pure race bretonne. Les mâles (il n'y en avait pas au concours de Paris) avaient des formes moins anguleuses, le cornage un peu plus gros ; ils étaient plus amples, plus grands, mais ils n'avaient pas la finesse des bretons de pure race.

En résumé, nous croyons que les cultivateurs du Morbihan feront bien de ne pas adopter le croisement Durham, car ils peuvent être assurés d'avoir, par ce croisement, des bêtes qui seront plus exigeantes pour la nourriture, ne pourront pas vivre sur les landes, réclameront plus de soins, donneront moins de lait et ne seront pas propres au travail.

Quelques personnes, pensant que la dispro-
portion qui existe entre la race Durham et la
race bretonne, ainsi que le peu d'aptitude de
la première à donner du lait et ses grandes dispositions à l'engraissement, pouvaient être les causes
de l'insuccès du croisement, ont eu l'idée de croiser
la race bretonne du Morbihan avec la race du
comté d'Ayr.

D'après les écrits concernant cette race écos-
saise, elle serait originaire de la Bretagne. En
effet, en 1825, la race du comté d'Ayr était petite,
chétive, de robe pie-noir ; ces vaches donnaient
de 9 à 10 litres de lait par jour et pesaient
127 kilogrammes lorsqu'elles étaient grasses.

Aujourd'hui, la race d'Ayr est considérée comme
supérieure à la race bretonne du Morbihan sous
le rapport de la précocité, de la quantité de lait
qu'elle fournit et de ses dispositions à l'engraissement.

S'il y a une race qui soit susceptible d'améliorer notre race bretonne par croisement, il est
évident que c'est celle-ci qui doit le mieux convenir ; mais malheureusement nous rencontrons
encore dans le département du Morbihan un des
principaux obstacles insurmontables : La nourriture fait défaut. Jusqu'ici, toutes les bêtes ayr-
bretonnes que nous avons été à même de voir, soit

à Belle-Ile-en-Mer, soit dans d'autres contrées du Morbihan, soit dans l'Ille-et-Vilaine, nous les avons toujours trouvées plus osseuses que la mère, avec la peau plus épaisse et plus adhérente; elles ne présentaient des formes plus arrondies que la morbihannaise que parce qu'elles avaient été nourries abondamment et qu'elles étaient en meilleur état. Nous n'avons pas encore pu leur reconnaître une plus grande aptitude à donner du lait et du beurre.

Les produits ayr-bretons, que nous avons visités en Bretagne, ne nous ont pas satisfait, parce qu'ils avaient peut-être souffert pendant le jeune âge, c'est-à-dire parce qu'ils n'avaient pas été convenablement élevés; avant de formuler une opinion, jetons un coup-d'œil sur les métis qui étaient au concours universel.

Au n° 1235, il y avait une femelle de trente-quatre mois, annoncée comme ayr-bretonne; elle était de robe pie, couleur café au lait; elle avait les cornes fines, blanches à la base et noires à leur extrémité; elle était de la taille de la race bretonne, mais avec des formes plus arrondies et le cuir plus épais; elle était assez bien marquée pour le lait.

Au n° 1236, il y avait une vache ayr-bretonne annoncée comme étant de robe noire, alors qu'elle était pie-alezan, de l'âge de 36 mois ; tandis que la bête du n° 1235 provenait de la race du Morbihan, celle-ci était probablement issue d'une femelle de race carhaisienne : elle ne présentait rien de remarquable pour le lait, elle avait la peau plus épaisse que la bretonne et ressemblait beaucoup à cette dernière par sa conformation.

Une ayr-bretonne manquait au n° 1240.

En résumé, les métisses ayr-bretonnes qui étaient au concours universel étaient plus en état que celles dont nous avons précédemment fait mention, mais elles ne présentaient rien d'extraordinaire sous le rapport des aptitudes laitières, beurrières et d'engraissement.

Non seulement la race bretonne a été croisée avec les races normande, nantaise, vendéenne, suisse, Durham et ayr, mais on a eu l'idée d'allier les métisses Durham-bretonnes avec la race ayr.

Parmi les animaux exposés par les établissements de l'Etat, il y avait deux femelles ayr-Durham-bretonnes :

Au n° 23, *Palmyre* par *Bolingbroke* et *Patricienne*, née à Grand-Jouan, âgée de 16 mois, sous poil pie-alezan ; elle avait la tête courte et petite, les cornes courtes, de couleur jaunâtre, rugueuses,

très-écartées à leur base et contournées en avant;
elle avait la peau épaisse et souple ; le garrot et
le dos étaient larges et sur la même ligne; mais, à
partir de la naissance des reins jusqu'à l'attache de
la queue , c'était un plan incliné dont le sommet
était à la partie postérieure ; elle avait une bonne
poitrine et les membres assez fins ; elle mesurait
1 mètre 15 au garrot, avait 1 mètre 40 de l'épaule à
la fesse, et elle pourrait fournir 183 kilos de viande
nette , d'après le cordon de Dombasle ; elle était
dans les petites flandrines. En l'examinant avec
soin , on pouvait reconnaître qu'elle avait la tête
plus courte que les Durham-bretonnes du même
établissement; dans la conformation de la tête et
le placement des cornes , il y avait quelque chose
de Durham, mais, partout ailleurs, on n'en voyait
aucune trace. Dans la conformation de la croupe
et surtout des hanches, la race ayr n'avait apporté
aucun changement ; tandis qu'il existe entre la
conformation des hanches des animaux des races
bovines d'Ayr et bretonne les mêmes différences
qu'offrent sous ce rapport le cheval breton et le
cheval navarrin , nous avons rencontré les caractères de la race bretonne dans la métisse ayr-Dur-
ham-bretonne.

Sous le n° 24 , figurait *Fleur-de-Marie* , par
Bolingbroke et *Fanny* , née à Grand-Jouan , àgée

de 16 mois, sous poil pie-alezan, de la taille de 1 mètre 17 au garrot, d'une longueur de 1 mètre 38 de l'épaule à la fesse, et mesurant 1 mètre 78 de circonférence à la poitrine. Vue dans son ensemble, et si son pelage n'eût été un peu plus clair que celui de la précédente, il aurait été assez facile de les confondre toutes deux ; elle avait cependant le cuir un peu plus souple, la tête un peu plus longue et elle était plus laitière.

Nous avons de la peine à comprendre ce que l'on désirait obtenir en alliant la race ayr avec les métisses Durham-bretonnes ; mais on pouvait bien se permettre cet essai dans un établissement de l'Etat.

Nous constatons que le résultat a été nul au point de vue de l'amélioration, non seulement de la race bretonne, mais même sous celui du premier croisement. Sans avoir l'intention de critiquer, nous croyons pouvoir dire que ce serait vouloir créer des difficultés que de conseiller un semblable croisement.

Les partisans du croisement devraient enfin commencer à en avoir assez !!!!!

Après un si grand nombre d'essais, qui ont tous abouti à l'abâtardissement et à la dégénérescence de la race bretonne, persisteront-ils dans leur funeste entreprise ?

Pendant un certain temps, on a voulu améliorer toutes les races de l'espèce chevaline par le croisement anglais ; cette époque, pour ainsi dire fiévreuse, a eu pour résultat d'anéantir nos meilleures races en leur substituant des chevaux décousus, bons, tout au plus, comme on le dit vulgairement, pour aller chercher du feu.

Un exemple aussi frappant et de cette importance, ne suffit-il donc pas pour mettre les fabricants de races nouvelles et imaginaires en garde contre les fâcheuses conséquences du croisement ?

CHAPITRE IX.

Moyens à employer pour approprier de plus en plus à nos besoins la race bretonne.

Lorsque l'agriculteur possède des animaux présentant les caractères qu'il désire, tous ses efforts doivent tendre à les conserver dans cet état. L'homme est bien parvenu à imprimer certaines modifications aux animaux qu'il a soumis à la domesticité, mais de ce qu'il a réussi à vaincre la nature, il ne faut pas croire qu'il n'ait plus rien à faire. Au contraire, il a sans cesse à lutter contre les influences de la nature, qui tendent continuellement à ramener les différentes races des diverses espèces animales à leur type primitif.

Parmi les moyens à employer, non seulement pour prévenir la dégénération, mais encore pour améliorer nos races, il en est plusieurs auxquels il faut nécessairement avoir recours, si on veut avoir quelques chances de succès.

Tout en reconnaissant que la race bovine du

département du Morbihan a de grandes qualités, qu'elle est très-utile et très-avantageuse telle qu'elle est, surtout dans son pays, nous ne prétendons pas qu'elle soit parfaite, qu'on doive la laisser dans l'état, qu'il n'y ait plus rien à faire pour l'améliorer.

Le mot amélioration emporte toujours, pour beaucoup de cultivateurs, le développement de la taille, du poids et de certaines aptitudes ; tandis qu'il ne s'agit en réalité que d'établir certains rapports entre les races et la production du sol, les habitudes et nos besoins.

On peut bien, en peu de temps, rendre beaucoup plus productif le sol d'une exploitation ; il suffit de savoir, de vouloir et de pouvoir disposer de grands capitaux ; mais lorsqu'il s'agit de l'amélioration agricole de toute une contrée, on ne doit pas s'attendre à le faire si promptement.

Avant de chercher à imprimer des modifications à la race bretonne, allons chez le cultivateur du Morbihan ; voyons ses étables, la nature et l'état du sol, les ressources alimentaires dont il peut disposer ; tenons compte de ses besoins et des produits qu'il obtient des bêtes bovines : nous saurons alors ce qu'il est possible de faire et ce qu'il convient de faire pour l'amélioration de la race bretonne.

Il y a des théories qui sont bien exposées, qui sont même très-séduisantes. Elles peuvent bien satisfaire l'imagination de l'homme de cabinet, habitué à labourer——avec sa plume ; mais qu'on cherche à les appliquer, en tenant compte des recettes et des dépenses : à combien de mécomptes n'est-on pas exposé !

Après la lecture de quelques auteurs, on peut bien faire de l'agriculture de salon.

La science est d'une utilité incontestable, toutes les fois qu'elle découle de l'expérience et qu'elle repose sur des faits bien avérés ; mais aujourd'hui, par cela même qu'on connaît la chimie, on veut être agriculteur, botaniste, médecin, même fabricant de races nouvelles ! Le croisement, la consanguinité, etc., etc., tous ces principes passent dans le creuset, et sont soumis à l'action des réactifs chimiques !

On a bien souvent raison de dire :«C'est à l'œuvre qu'on connaît l'ouvrier ;» aussi ne doit-on pas être étonné de voir si grand nombre de faiseurs de théories faire de mauvaises affaires, du moment qu'ils veulent les mettre en pratique à leur propre compte.

L'agriculteur a une mission qui n'est pas aussi facile qu'on pourrait le croire au premier abord ; elle est parfois ingrate. Il est exposé à bien des pertes ; ne cherchons donc pas à lui susciter d'autres difficultés.

Si nous avons le désir d'améliorer la race bretonne dans le département du Morbihan, gardons-nous bien de chercher à augmenter sa taille, ou bien elle deviendra d'un entretien dispendieux.

Nous l'avons déjà dit, dans les localités où on a l'habitude de conduire les animaux au pâturage pendant une grande partie de l'année, la nature continue à exercer sur eux son influence et les maintient en rapport avec la production du sol.

Lors même que les cultivateurs du Morbihan pourraient se procurer un peu plus de fourrages pour suppléer en partie, à l'étable, à la pauvreté des pâturages, il ne faudrait pas pour cela se hâter d'avoir des animaux de plus grande taille. Tandis que les bêtes de petite race peuvent facilement saisir les brins d'herbe les plus fins, lors même qu'ils sont courts, les grandes races n'y parviennent pas ou ne le font qu'incomplétement; d'un autre côté, si, en parcourant 500 mètres sur les landes, la petite race ramasse une quantité suffisante de nourriture, la grande sera obligée de marcher toute la journée et se fatiguera avant d'avoir fait la moitié de sa provision.

S'il est reconnu que le département du Morbihan ne produit que la quantité de fourrages nécessaire pour entretenir des moutons ou des chèvres, il faut de toute nécessité, du moment qu'on leur préfère l'espèce bovine, avoir des bêtes qui peuvent se contenter des mêmes pâturages et vivre dans les mêmes conditions. Nous désirons le progrès autant que personne, mais nous croyons que, pour qu'il soit réel en agriculture, il faut faire marcher de front les améliorations du sol et celles des animaux.

Toutes les fois que l'on veut améliorer une race, il faut avoir un but bien arrêté ; il faut savoir quelles sont les qualités qui lui manquent et les défauts qu'elle a ; partant, être bien fixé sur les qualités qu'on veut lui donner et sur les défauts qu'on veut corriger.

Une semblable entreprise peut être simple et facile, mais, dans tous les cas, il faut faire preuve de savoir, s'attendre à quelques insuccès, et il faut surtout avoir de la persévérance.

Les moyens que l'on emploie pour faire subir des modifications à une race sont de deux sortes : les uns sont dits externes ou hygiéniques, ce sont les aliments, l'air, le sol ; les autres sont dits internes et consistent dans les influences de la génération. Pour améliorer la race bretonne au point de vue des intérêts du département du Morbihan, nous croyons qu'il faut chercher à agir simultanément par l'emploi judicieux des moyens externes et un bon appareillement, c'est-à-dire qu'on doit chercher à l'améliorer par elle-même.

Améliorer une race par elle-même, c'est chercher à propager les qualités qu'elle a, et à corriger les défauts dont elle est atteinte.

Après avoir fait connaître la race bretonne et le pays où on la rencontre, voyons comment les domaniers devraient s'y prendre pour la rendre meilleure :

1° Il faut qu'ils cherchent à améliorer leurs terres et à mettre en culture celles qui sont susceptibles de l'être;

2° Ils feront bien de semer des plantes fourragères, afin de pouvoir mieux nourrir les animaux qui leur donneront plus de produits de toute nature, sans être obligés d'aller pâturer lorsque le temps est mauvais;

3° Ils devront assainir les étables, soit en pratiquant des ouvertures là où elles sont nécessaires, soit en les tenant plus proprement.

Quels que soient la contrée du Morbihan et le domaine, il y a toujours avantage à ne pas chercher à changer la race que l'on a, c'est-à-dire qu'il faut bien se garder, s'il s'agit d'une exploitation comme il y en a beaucoup dans l'intérieur des terres, de substituer la race bretonne améliorée à celle plus petite dite des landes.

On doit chercher à n'avoir que des vaches de robe pie-noir, à couleurs vives, bien tranchées et présentant tous les caractères indiquant la pureté de la race. Il faut tenir à la bonne conformation, car un animal bien fait est d'un entretien plus facile, et il est exposé à un moins grand nombre d'accidents ou de maladies. On rencontre souvent des vaches qui ont la partie postérieure de la croupe trop étroite; il y en a qui ont les reins très-bas: les premières sont exposées à des accidents pendant le vélage; les autres tombent parfois paralysées quelque temps avant la mise bas. Il faut toujours rechercher les vaches de bonne nature, jouissant d'une bonne santé et présentant les bons signes indiquant l'aptitude à donner beaucoup de lait et de beurre. Lorsqu'on aura fait choix d'une vache réunissant toutes ces conditions, on peut être assuré qu'elle sera bonne pour la reproduction et qu'on en sera satisfait sous tous les rapports.

Dans un grand nombre d'exploitations du département du Morbihan, on a la mauvaise habitude d'employer pour la reproduction des taureaux de la même famille, c'est-à-dire le frère pour la sœur, le fils pour sa mère, etc.

Lorsqu'on élève un taureau de son étable, il vaut mieux ne pas l'employer pour les femelles à un degré trop rapproché de parenté.

Il y a quelques années, on voyait rarement des vaches présentant la maladie qui consiste dans des tumeurs que l'on désigne sous le nom de *pigeons*; il y en a un grand nombre aujourd'hui, et plusieurs faits qui nous sont connus tendent à démontrer que la consanguinité est une des principales causes de cette affection.

Pour l'amélioration de certaines races, pour fixer certaines aptitudes qui sont rares chez elles, nous comprenons que la consanguinité puisse être un bon moyen, mais nous le croyons mauvais pour la race morbihannaise, parce qu'il pourrait avoir pour résultat de lui faire perdre sa rusticité et son aptitude au travail en substituant au tempérament lymphathique un tempérament sanguin-nerveux.

On objectera peut-être qu'on se créerait de grands embarras, de grandes difficultés si l'on voulait se conformer à la recommandation que nous faisons au sujet du choix du taureau, mais cette objection n'est pas fondée.

Ainsi, dans une étable de quinze à vingt vaches, il faudra conduire la mère et les sœurs à un bon taureau du voisinage; si on obtient un taureau de cette alliance, on pourra l'employer pour toutes les bêtes de l'étable, excepté pour celles d'où il provient.

Nous savons bien qu'il y a des domaniers qui font un grand commerce de vaches. Les inconvénients de la consanguinité ne sont guère à craindre dans leur étable; mais s'ils élèvent pour la reproduction un mâle dont ils ne connaissent pas bien la généalogie, ils sont exposés à en avoir des produits médiocres ou mauvais.

Lorsqu'on fait choix d'un taureau, il faut faire en sorte de connaître, non seu'ement le père et la mère, mais son grand-père et sa grand'mère. On fera même bien de remonter plus avant dans les recherches, toutes les fois que cela sera possible. Il est de la plus haute importance d'avoir un taureau issu de parents présentant au plus haut degré les caractères indiquant la pureté de la race et les aptitudes qui la rendent si précieuse. La race améliorée que l'on rencontre dans le département du Morbihan est aussi pure que celle que nous avons désignée sous le nom de race des landes; mais, eu égard à la différence de taille, nous croyons qu'il vaut mieux employer le taureau de petite race pour la vache des landes, et réciproquement pour la race améliorée.

Nous ne croyons pas qu'on doive, dans aucun cas, avoir recours à un mâle de grande race pour une femelle de petite taille, lors même que le mâle appartiendrait à la race de la femelle. S'il se trouve au-dessus de la taille ordinaire qui la caractérise, on doit renoncer à son emploi.

L'avortement se fait remarquer dans plusieurs exploitations agricoles. On cherche bien loin la cause de cet accident, tandis qu'il est le plus souvent le résultat de l'emploi d'un taureau trop fort pour la vache. Malgré tout ce qui a été dit à ce sujet, le taureau qui se trouve le plus en rapport de taille, de grosseur et de race avec la vache, est celui qui donne les plus beaux et les meilleurs produits.

On s'accorde généralement à reconnaître que c'est la mère qui donne la taille, attendu que c'est du plus ou moins grand développement du bassin que dépendent le volume et la force du nouveau-né.

Il y a des cultivateurs qui prétendent qu'il y a toujours avantage à faire choix d'un taureau plus grand et plus fort que la femelle, parce que les veaux font plus de poids pour la boucherie. En effet, nous avons souvent observé que d'un fort taureau et d'une petite vache naissaient des veaux ayant le système osseux bien plus volumineux, mais ils fournissaient proportionnellement moins de viande que ceux provenant d'un bon appareillement.

Lorsqu'on veut avoir de bons produits, il faut bien choisir les reproducteurs, parce que, d'après la loi de la nature, ils ressemblent à ceux qui leur ont donné naissance. Il arrive bien parfois que d'un beau taureau et d'une belle vache, présentant tous les caractères de la race bretonne, il naît un veau pie-alezan ou de conformation vicieuse. Cela tient à ce que ses aïeuls étaient ou de ce pelage ou mal conformés : c'est ce que l'on appelle loi de l'*atavisme*.

Pour que le taureau breton soit bien conformé, il faut qu'il ait la tête courte et carrée, l'œil vif, les cornes courtes, peu grosses et bien placées, de couleur blanche dans toute leur longueur, le cou court et sans fanon, le garrot, le dos, les reins et la croupe larges et sur la même ligne, l'épaule droite et bien musclée, la poitrine ronde et bien descendue, le corps cylindrique, la hanche ronde, la culotte descendue, les genoux, les jarrets, les canons, les boulets et les paturons fins, secs et d'aplomb; les pieds petits sont les meilleurs. On doit toujours écarter de la reproduction les taureaux qui ont l'apparence de la vache ou du bœuf, ceux qui ont la partie postérieure de la croupe pointue, qui ont le poil gros et long au lieu de l'avoir court, fin et lustré. Il faut toujours tenir à ce que les reproducteurs aient la peau fine, souple et libre, avec tous les caractères indiquant les qualités laitières et beurrières.

Nous avons dit que la race bretonne était rarement malade. Il est très-important que le taureau jouisse d'une bonne santé et soit en bon état. On a remarqué que d'un taureau méchant naissaient le plus souvent des produits qui le devenaient. Quoique ce vice soit souvent dû à la manière dont les animaux ont été élevés, nous croyons devoir recommander de ne pas employer pour la reproduction les taureaux qui sont méchants.

On est généralement d'accord qu'il faut avoir recours à un jeune taureau toutes les fois qu'on veut avoir des produits précoces, laitiers et faciles à engraisser; tandis qu'on doit accorder la préférence au taureau qui a l'âge adulte et a atteint tout son développement lorsqu'on désire obtenir des produits destinés au travail.

Nous savons bien que, dans le département du Morbihan, on emploie le plus ordinairement des taureaux beaucoup trop jeunes. La race est cependant bonne travailleuse. De cela, nous n'en concluons pas que, dans tous les cas, il faille avoir recours à des reproducteurs très-jeunes. Eu égard aux ressources alimentaires du Morbihan, nous croyons que l'âge du taureau doit varier. Dans une exploitation agricole présentant peu de ressources, ainsi que cela a lieu dans la plupart de celles qui sont dans l'intérieur des terres, on fera bien d'attendre que le taureau ait atteint l'âge de vingt-quatre à trente mois ; tandis que, chez les domaniers qui sont dans de meilleures conditions, on pourra commencer à employer le reproducteur dès l'âge de quinze à seize mois.

Dans le département du Morbihan, il est d'usage qu'on paie de 10 à 15 c. par vache, et on a le droit de les conduire jusqu'à trois fois, si elles n'ont pas retenu auparavant. Pour une somme aussi modique, on épuise la plupart des reproducteurs du pays. Les domaniers qui voudront avoir de bons produits feront bien de donner plus de nourriture à leur taureau et de ne pas abuser de ses forces.

Pour améliorer la race bretonne, c'est déjà beaucoup que d'avoir fait choix d'une bonne vache et de l'avoir conduite à un taureau réunissant les conditions avantageuses que nous venons de faire connaître, mais cela ne suffit pas toujours pour obtenir un bon résultat

Nous avons dit que, dans le Morbihan, on ne donnait à la vache pleine ni plus de soins, ni une meilleure nourriture qu'aux autres bêtes composant le troupeau, et qu'il était d'usage de continuer à la traire tant qu'elle donne du lait, c'est-à-dire, jusqu'au moment de la mise bas. Le domanier cherche à obtenir ainsi le plus de produits possible, mais en agissant de la sorte, il nuit à la vache, au veau qu'elle porte et compromet le rendement en lait de l'année suivante.

Sans prétendre que les animaux domestiques soient traités de la même manière que s'ils étaient à l'état de nature, nous croyons qu'on devrait cesser la traite après le sixième ou le septième mois de la conception, surtout si on tient à la vache et si on a le désir d'améliorer la race. Comment admettre qu'une vache, maigrement nourrie, puisse sans inconvénient donner du lait et pourvoir au développement du fœtus ? La race bretonne est petite, dit-on ; malgré cela, nous ne comprenons pas qu'elle puisse trouver dans les landes de quoi subvenir à son entretien, au développement du veau et à la sécrétion laiteuse. Que les domaniers cessent de traire les vaches à l'époque que nous avons indiquée, qu'ils les nourrissent un peu mieux et ils s'en trouveront bien.

Les vaches bretonnes qui sont bien conformées et ont été en rapport avec un taureau de leur race, font leur veau avec autant de facilité qu'une poule pond son œuf; mais, celles qui ont la partie postérieure de la croupe étroite, ou qui ont été conduites à un taureau de forte taille et osseux, ne mettent pas bas sans de grandes difficultés, surtout lorsqu'elles sont maigres et épuisées. Dans cette dernière circonstance, on ne doit pas trop se hâter; on peut bien aider la nature, mais quelle barbarie d'attacher solidement la vache par les cornes et de voir cinq ou six hommes tirer de toute leur force sur une corde fixée au veau? Les conséquences d'une semblable opération sont souvent suivies de la mort du veau et de la vache.

En admettant qu'on ait tenu compte de toutes les règles précédemment indiquées, voyons quels sont les moyens à employer pour élever convenablement le veau.

Aussitôt après la parturition, une bonne mère vache lèche le nouveau-né, pour nettoyer sa peau de l'humeur visqueuse dont elle est recouverte. Il y a des vaches qui lèchent leur veau trop longtemps et trop durement autour du nombril, quelques-unes saisissent l'extrémité du cordon et opèrent de trop fortes tractions à plusieurs reprises différentes; on fait bien de laisser le veau à la portée de la mère, pour qu'elle puisse le lécher afin de le nettoyer et pour que la peau soit doucement excitée; mais il faut veiller à ce que la vache ne lèche pas trop fréquemment le nombril et surtout à ce qu'elle ne saisisse pas le cordon avec ses dents; car, nous attribuons à ces causes l'engorgement persistant et la suppuration du

nombril. Lorsqu'un veau est atteint de cette maladie, on dit qu'il est *chevillé*. Tous ceux qui ont
des vaches savent combien elle est fréquente et
grave, puisqu'elle entraîne souvent la mort du
veau.

Lorsque nous sommes consulté pour un veau
chevillé, nous conseillons, si l'affection est au
début, de couper les poils sur toute l'étendue de
la partie engorgée et d'appliquer une couche
d'onguent vésicatoire vétérinaire, afin d'empêcher
l'inflammation de pénétrer dans l'intérieur; lorsque
le cas est plus grave et que la maladie date de plusieurs jours, nous la guérissons avec une application de *topique terrat* ou une application de
mélange sublimé et de térébenthine dans les proportions d'une partie sur six. Toutes les fois qu'on
traite un veau chevillé, il faut empêcher la vache
de porter la langue sur la partie malade.

De ce que la vache bretonne est très-rustique,
on ne doit pas pour cela la traiter comme si elle
vivait à l'état sauvage; il faut toujours prendre des
précautions pour que la vache vèle dans une étable
chaude et sur une bonne litière, d'abord pour la
conservation de la santé de la mère, ensuite afin
que le nouveau-né se trouve dans un milieu dont
la température soit presque égale à celle du dedans
dont il sort.

Dans tous les cas, à toutes les époques de l'année et surtout l'hiver ou lorsqu'il pleut, on doit garder la vache à l'étable, pendant quelques jours après le vélage, la tenir chaudement, proprement et lui donner une nourriture consistant principalement dans des boissons nutritives et dégourdies.

Lorsqu'on veut améliorer une race, il est de la plus grande importance de n'élever que les veaux présentant tous les caractères de pureté et les signes indiquant les aptitudes auxquelles on tient davantage. Nous n'avons pas à faire connaître les diverses méthodes d'élevage des veaux, pour les engraisser ou en faire des bêtes de travail ; nous nous bornons à indiquer ce qu'il convient mieux de faire pour la race bretonne, dans le pays où elle est.

Avant de décider qu'un veau mâle ou femelle sera élevé pour faire race, on doit tenir compte de sa robe ; si elle est pie-noir et que les couleurs soient bien caractérisées et tranchées, c'est une preuve qu'il tient beaucoup de la race. Les veaux de robe à nuances, noir mal teint et blanc sale, présentent souvent d'autres signes indiquant l'abâtardissement de la race. Il faut que le veau ait les extrémités très-fines, la peau mince et souple, le garrot, le dos, les reins, la croupe et la poitrine amples, proportionnellement à sa taille ;

il doit avoir la tête fine, si c'est une femelle, tandis que cette région devra être courte et large chez le veau mâle.

Pour reconnaître les aptitudes laitières, la méthode Guénon est d'une grande utilité, lorsqu'on l'applique aux bêtes qui ont atteint un certain âge ; mais elle est encore plus précieuse lorsqu'il s'agit du choix des veaux d'élève.

Avant la découverte de Guénon, on pouvait reconnaître jusqu'à un certain point les bonnes vaches à lait des mauvaises, mais il fallait avoir une grande expérience ; on ne connaissait aucun caractère applicable au jeune veau ; on élevait un veau parce qu'il provenait d'un bon père ou d'une bonne mère. On choisissait au hasard, de sorte que, par suite de la loi de l'atavisme, on était fréquemment exposé à élever le veau qu'on aurait mieux fait de livrer à la boucherie, ou bien à livrer au boucher un animal qui aurait eu de grandes qualités.

Dans un pays comme celui du Morbihan, où la production beurrière est la principale industrie rurale, le système Guénon est appelé à rendre les plus éminents services.

Du moment qu'on est bien fixé sur le choix du veau que l'on veut élever, il n'y a plus qu'à lui donner les soins et la nourriture nécessaires pour pourvoir amplement à son accroissement et à la formation de son tempérament. Lorsqu'on considère la manière dont les veaux sont nourris dans le Morbihan, on peut croire qu'il faut, comme on dit, qu'ils aient l'âme chevillée dans le corps pour pouvoir résister. En effet, les veaux ont un peu de lait pendant les premiers jours de leur naissance; mais ils sont bientôt réduits à vivre pour ainsi dire de l'air du temps.

Si on veut améliorer la race par elle-même, non seulement il faut se conformer aux prescriptions que nous avons précédemment exposées, mais il est de toute nécessité qu'on continue à nourrir convenablement la vache qui vient de vêler, parce que les propriétés du lait varient suivant la nature et la quantité d'aliments dont la vache fait usage.

Tout le monde sait que, quelques jours avant la mise bas et pendant les huit jours qui suivent le vêlage, le lait subit dans sa composition des modifications importantes; il est reconnu que l'usage du premier lait est nécessaire à l'animal qui vient de naître, parce qu'il agit comme purgatif et excitant du canal intestinal.

La manière dont les veaux sont élevés varie considérablement, suivant les pays. Il y en a qui sont soumis à l'allaitement naturel; d'autres sont nourris par l'allaitement artificiel.

Nous savons bien que la plupart des domaniers tiennent par dessus tout à pouvoir disposer le plus tôt possible du lait de la vache qui vient de vêler, et qu'il y en a même qui ne conduisent la vache au taureau que pour entretenir la sécrétion laiteuse. Mais, si on veut améliorer la race dont nous nous occupons, il est important de savoir faire les sacrifices nécessaires.

Après de nombreuses expériences, on est parvenu à savoir qu'un veau bien nourri augmente de 1 kilo 200 grammes par jour pendant les dix-huit premiers jours de sa naissance, et de 960 grammes par jour pendant les dix-huit jours suivants. Il y en a qui ont prétendu que le poids d'un veau qui buvait de 9 à 11 litres de lait en vingt-quatre heures pouvait s'accroître de 1 kilo 130 grammes pendant ce laps de temps.

La première condition d'un bon élevage, c'est de bien soigner et nourrir convenablement. Malgré tous les essais qui ont été faits, il y a des procédés anciens qui ont encore bien leur mérite. On a généralement reconnu que le poulain allaité par sa mère se développait mieux, et était plus vigoureux et meilleur que celui qui avait été privé des bienfaits de la nature par suite d'un sevrage anticipé.

Il y a des contrées dans lesquelles on abandonne

aux veaux tout le lait de leur mère pendant une période de cinq à six mois; il en résulte des effets excellents.

Nous savons bien qu'on ne peut attendre un pareil sacrifice de la part des domaniers; mais il serait cependant possible de concilier leurs intérêts avec ceux de la race bovine. Quoi de plus simple que d'abandonner à quelques veaux d'élève tout le lait de leur mère pendant deux ou trois mois! En agissant de la sorte et en ajoutant un petit supplément de nourriture composé de farineux, de soupes ou de buvées, on verrait survenir les modifications les plus remarquables dans la conformation, la force et les aptitudes de la nouvelle génération. Nous ne demandons pas qu'on fasse à l'égard des veaux destinés à la boucherie les mêmes dépenses que pour ceux qui sont appelés à faire race; on peut bien soumettre les premiers à un allaitement artificiel; mais pour les derniers, il ne faut rien négliger.

Quel que soit le but que l'on se propose, tous les veaux peuvent être mis avec avantage au régime du thé de foin. Voici comment on prépare cette boisson : on met 1 kilogramme de bon foin dans un seau ou dans un autre vase, un baquet, par exemple; on verse sur ce fourrage 15 litres d'eau bouillante; on couvre le vase, et on laisse infuser pendant une demi-heure ; on retire le foin, et on se sert de ce liquide lorsqu'il est à la température du lait frais tiré. Le thé de foin, mélangé avec le lait, plus tard avec le dessous de lait et même avec du lait barraté ou des farineux et des racines, suivant l'âge et l'état de l'intestin des veaux, est d'un usage excellent et très-économique. On commence le thé de foin soit quelques jours après la naissance, et lorsque le veau a bu le *colostrum*, soit lorsqu'il est âgé d'un mois à six semaines ou même de deux mois à deux mois et demi, c'est-à-dire au moment ou quelque temps avant le sevrage, et on continue l'emploi de ce moyen pendant plusieurs mois.

Les expériences qui ont été faites à ce sujet sur trois veaux, nourris pendant cent treize jours, l'un avec du lait pur, l'autre avec le lait réduit, le troisième avec du thé de foin préparé et mêlé ainsi que nous l'avons dit, ont donné les résultats suivants : le premier veau est revenu à 442 fr. 20 c., le second à 98 fr. 36 c., et celui élevé au thé de foin à 48 fr. 89 c.

Il y a des personnes qui prétendent qu'il faut laisser téter les veaux de boucherie jusqu'au moment de la vente, à l'âge d'un mois ; que ceux destinés à être élevés doivent être séparés de la mère et sevrés aussitôt qu'ils sont nettoyés : dans ce dernier cas, on conseille de leur faire boire, pendant les huit premiers jours, tout le lait de leur mère, puis on commence l'usage du thé de foin.

On fait valoir, en faveur du sevrage prématuré, les difficultés que l'on éprouve pour faire boire un veau, alors qu'il a été habitué à téter pendant un certain temps. Dans certains cas, nous le reconnaissons, il faut avoir un peu de patience; mais en s'y prenant bien, on réussit toujours à habituer les veaux à boire le lait pur ou mêlé avec d'autres substances nutritives.

Lorsqu'on fait téter un veau, on a l'habitude de le séparer de sa mère et de l'attacher avec une corde par un pied de derrière; du moment que c'est un veau de boucherie, il n'y a pas d'inconvénient à agir ainsi, attendu que moins il fera d'exercice et plus il engraissera. Mais, toutes les fois qu'il s'agit d'un veau destiné à faire race, nous croyons qu'il ne faut pas l'attacher de la sorte. Il est toujours facile, à l'aide de quelques planches, de disposer, dans un coin de l'étable, de 2 ou 3 mètres carrés, de manière à pouvoir y mettre un veau en liberté. Sans chercher à élever les veaux uniquement pour devenir des animaux de travail, il est nécessaire qu'ils ne commencent pas par vivre dans l'étiolement. Voilà pourquoi nous croyons qu'il est convenable de leur donner la facilité de faire un peu d'exercice. On peut objecter que plusieurs veaux, placés en liberté dans le même local, contractent parfois l'habitude de se téter ; cela est vrai, mais il est facile d'y remédier, soit en les surveillant, soit en attachant, pendant quelques jours, ceux qui cherchent à téter les autres.

En résumé, nous croyons que, dans le département du Morbihan, on ferait bien de mettre les veaux en liberté dans des boxes, et de les faire téter pendant deux mois et demi à trois mois, trois ou quatre fois par jour, à des heures réglées ; à l'âge de quarante à cinquante jours, on pourrait commencer à leur donner un supplément de nourriture, du thé de foin coupé avec du lait d'abord, et plus tard avec des farineux et des racines cuites.

Lorsque les veaux ont atteint l'âge d'un mois à six semaines, il n'y aurait pas d'inconvénient à les laisser sortir avec la mère pendant quelques heures de beau temps, si on pouvait disposer d'un enclos convenable et situé à proximité de l'exploitation.

Nous avons élevé quelques veaux en nous y prenant de la manière suivante : La vache était attachée dans une stalle de 3 mètres carrés, et bien close de tous côtés. Elle avait avec elle son veau en liberté. A part les heures pendant lesquelles la vache était au pâturage, le veau pouvait téter à volonté; nous ne devons pas laisser ignorer qu'en suivant ce système, il faut bien nourrir la vache, ou elle maigrit considérablement et le veau finit par l'épuiser; c'est pour prévenir cet inconvénient que nous recommandons non seulement de nourrir convenablement la vache, mais de mettre à la disposition du veau, âgé de six semaines à deux mois et hors de portée de la mère, du thé de foin coupé avec du lait ou avec de la farine d'orge.

Par l'emploi de ce moyen, on n'a guère à s'occuper des veaux que l'on élève, et on obtient des animaux qui sont beaux et dans de bonnes conditions.

Quel que soit le moyen que l'on adopte pour l'élevage des veaux, il est important de les visiter de temps en temps, afin de savoir s'ils ne sont pas malades; car on en voit fréquemment qui sont atteints de diarrhée continue, ou de constipation. Lorsqu'un veau a la diarrhée, ou lorsqu'il est constipé, cela provient de la nature de la nourriture qu'on lui donne ou du manque d'exercice.

La qualité du lait varie suivant la nature des aliments donnés à la vache. Si un veau est atteint de diarrhée lorsqu'il n'a pour toute nourriture que le lait de sa mère, cela peut provenir de ce que le lait est trop débilitant ou trop excitant; que la bête n'en a pas assez; qu'il est trop abondant et produit des indigestions, ou bien encore de ce que le veau ne tète pas assez fréquemment et à des heures réglées.

Lorsqu'une vache est convenablement nourrie, lorsque le veau est élevé en liberté et qu'il a la facilité de téter quand bon lui semble, il n'est atteint ni de diarrhée ni de constipation.

Quand un veau a la diarrhée pendant les huit premiers jours de la vie, il n'y a pas à s'en inquiéter, c'est l'effet du colostrum; mais si cette indisposition continue plus long-temps ou si elle apparaît plus tard et menace de persister plus de deux ou trois jours, on doit chercher à y remédier au plus tôt ou bien la maladie s'aggrave : le veau maigrit et finit par succomber. On guérit la diarrhée en faisant cesser les causes auxquelles on peut l'attribuer, et en donnant soit de l'eau de riz, des œufs ou quelques cuillerées de vin rouge. Lorsque le veau est constipé, il faut le mettre en liberté, donner une nourriture moins substantielle et plus aqueuse à la vache et administrer au veau des lavements et des breuvages de décoction de graine de lin.

On voit fréquemment dans le Morbihan des veaux âgés de quatre à seize ou dix-huit mois, mâles ou femelles, ayant le ventre gros, le dos et les reins bas, la côte plate et le derrière pointu. Cela provient de ce qu'ils ont été mal nourris; la paille et le foin produisent ces effets.

Si on tient à avoir de beaux élèves, il faut leur donner les soins que nous venons d'indiquer; on pourra de la sorte conduire les génisses au taureau à l'âge de deux ans, employer modérément les taureaux dès l'âge de seize à dix-huit mois, et on sera assuré d'obtenir de bons résultats.

La nourriture est rare dans le département du Morbihan : que les domaniers se mettent à l'œuvre, qu'ils fassent des fourrages de printemps, qu'ils se procurent des choux, et ils pourront subvenir aux besoins de leurs bestiaux. Le topinambour vient bien dans toutes les terres, sa culture est simple et facile; qu'ils en aient dans toutes les exploitations, c'est une excellente nourriture pour les veaux, les vaches et les bœufs, et au moyen de laquelle on peut les entretenir convenablement pendant tout l'hiver. Que les domaniers soignent leurs bestiaux de la sorte, non seulement ils conserveront la meilleure race française, mais ils finiront par avoir la plus précieuse de l'Europe.

Nous avons avancé que la race bretonne du Morbihan pouvait facilement prendre de la taille , de l'ampleur et une plus grande aptitude à la graisse, par le seul fait d'une bonne alimentation et le choix de bons reproducteurs ; le concours universel de 1856 en est une preuve irrécusable : en effet, parmi les taureaux bretons qui y figuraient, le n° 1041, qui a obtenu le deuxième prix, était bien certainement aussi beau et aussi fort qu'un ayr de premier choix ; la femelle placée au n° 1052, âgée de vingt-quatre mois, de robe pie-noir, avec une corne noire et l'autre jaune, était bien plus grande et plus forte que celles qui sont élevées dans le département du Morbihan. Elle était admirable de formes et assez bien marquée pour le lait.

Ces faits et un grand nombre d'autres ne tendent-ils pas à démontrer que la race morbihannaise peut être introduite avantageusement dans tous les pays. Placée dans un pays maigre, soit en France, soit en Afrique ou en Espagne, elle conserve ses formes, ses qualités laitières et beurrières ; transportée de la lande dans le pré, elle acquiert de la taille, des formes arrondies, devient plus précoce, tout en conservant sa réputation de race laitière et beurrière.

Nous avons dit que, dans le département du Morbihan, on ne devait pas avoir recours au croisement de la race ayr avec la race bretonne, parce

qu'il serait contraire aux intérêts bien entendus
des domaniers ; on ne doit pas en conclure que la
race bretonne, placée dans de bonnes étables
et croisée avec celle d'Ayr, doive toujours donner
de mauvais résultats, attendu que nous avons vu
et obtenu nous-même des produits qui étaient sa-
tisfaisants, lorsqu'on les nourrissait convenablement. A la date du 6 de ce mois, M. Allier, directeur de la colonie agricole de Petit-Bourg, nous
écrivait ce qui suit : « Mes essais sur les races bretonnes pures, améliorées par elles-mêmes, m'ont
donné les plus beaux résultats ; les croisements
ayr-bretons sont également parfaits. »

CHAPITRE X.

Nourriture d'une vache bretonne.

———

Il nous est impossible de dire d'une manière bien précise la quantité de chaque fourrage qu'il faut donner à l'étable à une vache bretonne , attendu que cette quantité varie considérablement suivant la richesse des pâturages dans lesquels on la conduit.

Nous avons vu de bonnes vaches bretonnes dans plusieurs exploitations et nous en avons nous-même qui n'ont d'autre nourriture que l'herbe qu'elles ramassent dans les prairies ; elles donnent de 12 à 16 litres de lait par jour pendant plusieurs mois après la mise bas.

Afin qu'on puisse avoir une base certaine pour nourrir convenablement la vache bretonne pendant l'hiver, nous croyons devoir transcrire le tableau suivant , qui représente à peu de choses près la valeur nutritive de plusieurs fourrages que l'on donne habituellement aux vaches.

Le foin de bonne qualité étant pris pour type,

25 k. de paille de froment équivalent à 10 k. de foin.

20	de paille d'avoine	—	à 10	—
27	de paille de seigle	—	à 10	—
18	de paille d'orge	—	à 10	—
17	de vesce	—	à 10	—
15	de pois	—	à 10	—
10	de foin de trèfle	—	à 10	—

En fourrages verts et racines,

40 k. d'herbe, de trèfle ou de vesce équivalent à 10 k. de foin.

20	de pommes de terre crues	—	à 10	—
17	de pommes de terre cuites	—	à 10	—
25	de carottes ou panais	—	à 10	—
50	de betteraves ou rutabagas	—	à 10	—
55	de navets	—	à 10	—
40	de choux	—	à 10	—

En substances moulues,

5 k. de son de ménage équivalent à 10 k. de foin.

7	1/2 de son de minoterie	—	à 10	—
5	1/2 de farine d'orge	—	à 10	—
4	de farine d'avoine	—	à 10	—

Connaissant les propriétés nutritives des divers fourrages donnés habituellement aux animaux, on n'aura plus besoin, toutes les fois qu'il s'agira de déterminer la quantité d'aliments nécessaire pour composer la ration des vaches bretonnes, que de connaître le poids moyen de ces bêtes. Or, comme le poids moyen de la vache bretonne varie de 100 à 130 kilogrammes, il en résulte que, toutes les fois qu'elle sera tenue à l'étable, qu'elle n'aura d'autre nourriture que celle qu'on lui donnera dans ce lieu, il faudra qu'elle ait chaque jour, en foin ou l'équivalent, de 3 kilos 400 grammes à 4 kilos 420 grammes.

De ce que nous avançons qu'on peut nourrir une vache bretonne morbihannaise en lui donnant chaque jour de 3 kilos 400 grammes à 4 kilos 420 grammes de foin, il ne faut pas conclure qu'il faille considérer la nature de cette alimentation comme devant être rigoureusement appliquée. Au contraire, nous recommandons aux domaniers de ne jamais nourrir leurs vaches uniquement avec du foin, pas plus que de donner exclusivement d'autres fourrages secs, parce que ce serait un mauvais moyen pour les entretenir en bon état et en obtenir beaucoup de lait.

L'espèce bovine, plus que toute autre, réclame une nourriture volumineuse et aqueuse; aussi remarque-t-on que les bœufs travailleurs se maintiennent en bon état en mangeant de l'herbe seulement, tandis que si l'espèce chevaline était nourrie de la même manière, on n'en obtiendrait que de médiocres services.

Il est bien constaté que les tissus et les liquides d'un même animal ne sont pas composés identiquement de la même manière ; on a reconnu également que toutes les plantes fourragères, dont les animaux font habituellement usage, ne contiennent pas dans le même état ni dans les mêmes proportions les éléments nécessaires pour réparer les pertes de l'économie animale et fournir de quoi subvenir aux besoins des diverses fonctions organiques; c'est par suite de ces connaissances qu'on est parvenu à pouvoir se rendre compte et à savoir pourquoi l'alimentation d'un animal avec une seule plante ne produisait pas tous les effets qu'on en attendait. Ainsi, on entretient bien une vache bretonne en lui donnant pour ration l'équivalent nutritif de 3 kilos 400 à 4 kilos 420 grammes de foin, composé en foin, en paille, racines, choux et son ; tandis qu'une vache ne serait pas convenablement nourrie, si sa ration ne se composait uniquemeut que de foin.

En résumé, pour bien entretenir l'espèce bovine et en obtenir des produits, il faut lui donner une nourriture variée et contenant une certaine quantité d'eau de végétation.

CHAPITRE XI.

Usages des foires du Morbihan et précautions à prendre quand on veut acheter des vaches. — Prix des vaches et taureaux de pure race bretonne.

Le Parisien qui visite la Bretagne pour la première fois, allant en diligence d'hôtel en hôtel, ne peut guère s'apercevoir que la langue du pays diffère beaucoup de la langue française; il reconnaît bien qu'on n'y parle pas le français avec le même accent que dans la capitale, mais là se borne le plus ordinairement la différence qu'il constate.

Cependant, dans aucune contrée de la France, on n'est plus embarrassé pour se faire comprendre et pour comprendre, qu'on ne l'est quand on se trouve en rapport avec la plupart des indigènes de la Bretagne. En effet, la langue bretonne diffère considérablement de la langue française; on a beau connaître l'anglais, l'allemand, l'espagnol et l'italien, il est impossible de concevoir le breton.

Pour éviter les inconvénients que nous signalons, beaucoup de personnes penseront qu'il n'y a qu'à prendre un interprète ; nous reconnaissons bien que c'est le meilleur moyen, mais cela n'est pas toujours aussi facile qu'on pourrait le croire, attendu qu'il faut trouver un homme habitué aux foires de bestiaux et un traducteur fidèle des volontés du vendeur et de l'acheteur.

De même que tous les vendeurs des autres contrées, le Breton cherche à faire ressortir le mérite et les qualités de la bête qu'il met en vente ; il fait de son mieux pour en cacher les défauts, afin de pouvoir la vendre le plus avantageusement possible. Il faut bien, toutefois, se garder de le comparer au maquignon normand, car il n'a pas la finesse de ce dernier, et sa foi chrétienne l'empêche d'employer de semblables détours.

Le fait suivant, arrivé à une personne qui nous est connue, démontre cependant, qu'en fait de marchés de bêtes bovines ou chevalines, on ne doit pas accorder aux Bretons plus de confiance qu'ils n'en méritent.

A l'aide d'un interprète, **M. R...** avait acheté une très-belle jument à la foire de ..., sous la condition que le vendeur la lui livrerait à Vannes ; l'acheteur satisfait de ce que le vendeur avait ponctuellement rempli toutes les conditions du marché, crut devoir lui en témoigner sa reconnaissance par l'offre d'un bon déjeûner. A l'aide de quelques signes, la proposition fut parfaitement comprise et acceptée de tout cœur. Le repas fait, le café pris et la bête payée, le Breton dit en bon français: « M. R..., je vous remercie, il y a bien long-temps que je n'avais fait un aussi bon déjeûner. » A partir de ce moment, l'acheteur eut des soupçons, il se douta qu'il avait été trompé, ou, pour nous servir du langage habituel, qu'il avait été fait au même, mis dedans, enfin qu'il avait acheté une rosse ; en effet, c'est ce qui avait eu lieu, mais il s'en aperçut trop tard.

Avant de procéder à l'acquisition d'une vache, il faut être bien fixé sur ce que l'on veut en faire et sur la distance qu'elle aura à parcourir si on la fait marcher ; sans cela, on est exposé à des mécomptes qui peuvent tourner tout à la fois au préjudice de l'acheteur et au détriment de la réputation de la race bretonne.

Dans tous les cas :

1° Doit-on acheter des vaches en lait et réputées fraîches vélées ?

2° Vaut-il mieux acheter des vaches de cinq à six ans et pleines de sept à huit mois ?

3° Enfin, ne doit on acheter que des génisses à leur premier veau ?

Nous allons chercher à résoudre ces diverses

questions au point de vue des intérêts des acheteurs et de la réputation de la race bretonne.

1° Doit-on acheter les vaches en lait et réputées fraîches vélées ? — Lorsqu'on veut acheter une vache en frais lait, on est très-exposé à être trompé ; car, malgré l'examen le plus attentif auquel on puisse se livrer sur un champ de foire, on ne peut savoir si la vache a vélé il y a cinq ou six mois ou depuis un mois seulement. Pour faire croire que les vaches ont vélé depuis peu de temps, de même que pour démontrer qu'elles donnent beaucoup de lait, on leur laisse deux ou trois moissons dans le pis, avant de les conduire en foire. Quelques marchands mettent une petite couverture de toile sur le dos de leurs vaches, pour faire croire à l'acheteur qu'ils redoutent pour elles les conséquences que les influences atmosphériques peuvent avoir sur les bêtes qui viennent de mettre bas. Si vous questionnez le vendeur, il vous répond toujours que sa vache a vélé il y a un mois, qu'il a vendu son veau en venant à la foire (ils disent souvent il y a deux jours, il y a trois jours, suivant que la date de la foire est plus ou moins éloignée du dernier vendredi). Tels sont les usages et les habitudes, et il n'y a pas possibilité d'acheter avec certitude une vache véritablement en frais lait.

Il y a encore un inconvénient à acheter une vache en frais lait; c'est que, si on la conduit au loin, en lui faisant parcourir de 30 à 40 kilomètres par jour, en ne lui donnant pour toute nourriture que du foin souvent mauvais, elle est exposée à tarir, surtout si elle est soumise à la fatigue et à un semblable régime pendant huit ou quinze jours.

Il est bien reconnu que toutes les vaches, qui voyagent à grandes journées pendant un certain temps, maigrissent et se déforment considérablement; mais il est surtout démontré que les vaches en lait fatiguent et maigrissent plus que les autres, et cela se comprend.

Cependant, il ne faut pas conclure de ce qui précède qu'on ne doive jamais acheter de vaches en lait sur les foires du Morbihan, lorsqu'il s'agit de former un troupeau duquel on veut tirer race; lorsqu'on veut acheter une bête de caprice, lorsqu'on rencontre enfin un bon moule réunissant une belle conformation et annonçant les qualités que l'on recherche, il ne faut pas hésiter à l'acheter, quelle que soit la condition dans laquelle on la trouve. Du reste, si la vache en lait était conduite à petites journées et par un *toucheur* intelligent, si elle était nourrie convenablement, elle reviendrait bien vite dans son lait, une fois arrivée à destination.

Nous ne devons cependant pas cacher qu'il y a en général plus d'avantages à ne pas acheter des bêtes en frais lait.

2° Vaut-il mieux acheter des vaches de cinq à six ans et pleines de sept à huit mois ? — Nous sommes tous d'accord qu'une vache de l'âge de cinq à six ans est dans sa plus grande force de production laitière. Plus jeune, la bête n'a pas acquis tout son développement; une partie de la nourriture sert pour sa croissance, et les organes glandulaires n'ont pas encore atteint le degré de sécrétion qui leur est dévolu : lorsque la vache est âgée, elle digère moins bien, elle dépérit, et on remarque qu'elle donne moins de lait.

Mais il y a des personnes qui prétendent qu'on ne met jamais en vente, ou que très-rarement, une bonne vache; il est évident que le domanier cherche toujours à vendre de préférence les bêtes les moins bonnes. Il est réellement intéressé à agir de la sorte; mais, lorsqu'il a besoin de vendre, il conduit en foire soit les vaches qui ont le plus d'apparence, soit celles qui ne sont pas en rang (qui ne sont pas en lait), souvent aussi celles qui sont le plus recherchées dans le moment.

On doit tenir compte aussi de ce que l'expérience vient journellement démontrer : pour des causes qui ne sont pas toujours saisissables, une vache qui a été très-bonne une année, peut être très-médiocre l'année suivante ; tandis qu'il y en a qui sont victimes dans un troupeau, elles peuvent à leur tour devenir maîtresses dans une autre étable, etc. etc. Pour ces motifs, nous croyons donc qu'on peut rencontrer de bonnes vaches de cinq à six ans sur les foires du Morbihan. Toutes les fois qu'on est à même de choisir, nous croyons qu'il y a avantage à acheter des vaches de cinq à six ans et dans un état de gestation variable, suivant la distance qu'on veut leur faire parcourir et l'époque à laquelle on a besoin de leur lait : alors vous achetez la réalité, vous savez ce que vous tenez.

3° *On prétend qu'il ne faut acheter que des génisses à leur premier veau.* — Grâce au système de M. Guénon, on peut parfaitement bien distinguer la génisse qui deviendra plus tard une bonne vache à lait de celles qui seront toujours médiocres et mauvaises sous ce rapport. Les bonnes vaches laitières sont communes, surtout parmi celles de la race bretonne ; mais on ne les trouve pas toujours coiffées et conformées, ni dans le rang, comme on les désirerait ; le prix élevé est parfois un obstacle : alors il faut nécessairement chercher dans la catégorie des génisses.

Lorsqu'on fait l'acquisition d'une génisse à son premier veau, on ne doit pas s'attendre à ce qu'elle donne autant de lait qu'elle le fera après son troisième ou quatrième vêlage. On achète l'avenir, il faut savoir l'attendre. Il y a des circonstances dans lesquelles il y a plus d'avantage à acheter des génisses, c'est lorsqu'on veut importer la race dans un pays où la production du sol est plus abondante que dans le Morbihan. Alors, sous l'influence d'une bonne alimentation, les jeunes bêtes deviennent plus grandes et plus fortes. Mais, dans tous les cas, la bête de cinq à six ans est toujours la véritable vache de service. A l'aide du système Guénon, on peut tout aussi bien acheter une bonne génisse qu'une bonne vache laitière; mais celui qui, sans tenir compte des écussons, croirait pouvoir acheter une génisse, serait bien souvent exposé à se tromper. Parmi les génisses qui sont en foire, il est vrai de dire qu'on trouve plus de choix que dans les vaches; cela provient de ce que les domaniers, n'étant pas capables d'apprécier les qualités laitières de leurs jeunes bêtes (ils ignorent le système Guénon), cherchent à vendre indistinctement les bonnes comme les mauvaises.

En résumé, il y a des cas où on doit n'acheter que des génisses, d'autres où on peut acheter des génisses et des vaches; enfin, il est des circonstances qui militent en faveur de l'achat des vaches seulement.

Lorsqu'on est bien fixé sur l'âge et l'état des bêtes que l'on veut acheter, il est important de prendre de grandes précautions pour parvenir à faire choix de celles qui possèdent véritablement les qualités que l'on recherche. Le savoir d'un acheteur ne réside pas seulement dans le tact qu'il peut avoir pour réussir à acheter à bas prix; il faut que, du premier coup-d'œil, il juge des qualités et des défauts d'un animal, et qu'il ne soit point susceptible de se laisser impressionner par les paroles des personnes qui l'entourent.

Un bon acheteur doit être libre sur un champ de foire; il faut qu'il quitte ses amis et soit complètement dégagé de toutes les formalités de l'étiquette. S'il arrive que l'acheteur soit sur un champ de foire avec son client, il peut se faire qu'il choisisse tout aussi bien que s'il était seul; mais, comme la présence de la personne pour laquelle les vaches sont destinées diminue considérablement la responsabilité de l'acheteur; que, d'un autre côté, il tient compte de toutes les observations qui lui sont faites, même des plus insignifiantes; pour ces raisons et dans ces circonstances, le client peut ne pas être aussi bien servi. Lorsque nous nous occupons de faire des achats, nous aimons bien que le client soit présent ; nous écoutons avec beaucoup d'intérêt ses observations, surtout s'il est connaisseur ; mais, lorsque nous achetons pour un amateur, nous sommes bien aise qu'il ait de bons yeux et de bonnes oreilles, mais nous désirons qu'il soit muet sur le champ de foire.

L'homme, qui vit à l'abri d'une réputation qu'il doit à son savoir médical, occupe une position qui l'oblige à ne jamais transiger avec sa conscience, non seulement parce que son avenir en dépend, mais encore pour ne pas compromettre le corps auquel il appartient. La confiance est l'âme du commerce ; l'honneur est le bien le plus précieux de chacun.

Lorsqu'une personne est sur un champ de foire pour acheter des vaches, elle doit, avant tout, voir si l'ensemble de l'animal lui convient. Elle en demande le prix en palpant le cuir, regardant l'écusson, l'âge et l'état de gestation. Si elle croit que le prix qu'on fait la bête n'est pas trop au-dessus de la valeur, elle la fait sortir des rangs, afin de pouvoir mieux l'examiner dans tous ses détails.

Les foires du Morbihan sont généralement mal tenues : les bêtes sont tellement rapprochées les unes des autres, que ce n'est qu'avec beaucoup de peine qu'on parvient à distinguer dans la foule celles qui peuvent convenir, et encore ne doit-on pas craindre le contact de *la bouse*, parce qu'on ne se fraie un passage qu'en poussant les vaches tantôt d'un côté, tantôt de l'autre.

Pendant qu'on fait sortir la vache, on doit faire attention si elle ne boîte pas Lorsqu'elle est à l'écart, on fait une fois le tour de la bête, et cela doit suffire pour l'apprécier. Si l'animal convient, il n'y a plus qu'à débattre le prix. Sur les foires du Morbihan, il y a des domaniers qui demandent parfois jusqu'à 40 fr. par tête de plus que le prix courant; mais, le plus souvent, ils ne surfont leurs vaches que de 15 à 20 fr.

Lorsqu'on examine l'âge, le vendeur dit souvent que la bête paraît plus âgée qu'elle ne l'est en réalité, et cela parce qu'elle a la *dent grasse*. Ils veulent dire par là que la bête ayant la dent un peu tendre, elle a usé plus tôt. Nous savons bien que les vaches, qui vont habituellement sur la lande, et sont obligées de manger herbe, terre et sable tout à la fois, sont exposées a marquer plus d'âge qu'elles n'en ont; mais il ne faut pas, malgré cela, croire tout ce que disent les vendeurs, car ils sont toujours intéressés à les rajeunir.

On doit faire attention si la vache que l'on veut acheter n'a pas la gale, des dartres, des difformités par suite de blessures sur les côtés de la

poitrine ou au ventre, visiter la région du grasset
pour savoir si elle n'est pas le siége de la maladie
désignée sous le nom de pigeon, explorer la partie
inférieure du flanc droit pour juger de l'état de
plénitude ; enfin, on termine par l'examen de l'é-
cusson et du pis. Les Bretons n'ont pas encore eu
l'idée de faire des écussons avec le rasoir. Il est
probable qu'ils n'emploieront jamais cette ruse,
car la nature favorise suffisamment leurs vaches
sous ce rapport. Cependant, il est bon de savoir
que cette fraude peut être mise en pratique.

Que l'on achète une génisse ou une vache, il
faut toujours toucher le pis et les trayons pour savoir si chaque trayon est bien percé et si la bête
n'a pas de faux quartier, c'est-à-dire si elle n'est
pas manquette. En comprimant l'extrémité des
trayons des bêtes qui n'ont pas encore fait veau,
on obtient une humeur qui est de couleur jaunâtre
et visqueuse et que les vendeurs appellent de la
cire. Nous avons vu des vaches dont les trayons
n'étaient pas percés à leur extrémité inférieure,
d'autres qui avaient des trayons pourvus de deux
trous situés l'un à côté de l'autre, quelques trayons
pourvus d'un trou naturel à l'extrémité inférieure
et d'un trou accidentel vers le milieu du trayon ;
ce dernier était bouché avec un petit cône en cire.
Nous croyons devoir nous contenter d'énumérer

les maladies que l'on rencontre le plus souvent et ne pas entrer dans des détails concernant les vices rédhibitoires, attendu que nous nous écarterions trop du cadre que nous nous sommes tracé.

D'après tout ce qui précède, grand nombre de personnes pourront désirer savoir combien se vendent les vaches bretonnes dans le département du Morbihan.

Nous allons répondre à cette question, afin que les personnes qui désirent avoir des vaches de cette race, sachent bien à l'avance à quel prix elles leur reviendront.

Si on devait juger de la valeur des vaches bretonnes par le prix de quelques-unes qui ont été vendues à Paris, lors du concours universel (350 et 450 fr.), il est certain qu'elles pourraient être considérées comme étant trop chères comparativement à toutes les autres races ; mais à cela, nous pourrons encore dire, en faveur de la vache bretonne, qu'elle est la moins chère de toutes et qu'elle est accessible à toutes les bourses.

Cependant, nous devons faire savoir aussi que le prix des vaches bretonnes a subi des fluctuations, de même que celui de toutes les autres races françaises. Ainsi, en 1854, nous avons acheté des troupeaux de vaches de pure race morbihannaise dont les uns nous revenaient à une moyenne de 115 fr. par tête, rendus à Rennes, tandis que d'autres coûtaient une moyenne de 126 fr. par tête, arrivés à la même destination. Au commencement de l'année 1857, nous avons composé des troupeaux qui revenaient à une moyenne de 140 fr. par tête, tandis que, ces jours derniers, nous avons été assez heureux pour en acheter un à une moyenne de 122 fr. et quelques centimes par tête.

Le prix des taureaux est très-variable. Nous en avons acheté à 80 fr., à 88 fr., à 150 fr., et même jusqu'à 300 fr. Il dépend non seulement de la conformation, mais encore de la généalogie et de la réputation.

Il ne faut pas chercher à acheter une génisse ou un taureau dans un concours où ils viennent d'être primés, parce qu'alors on serait obligé de les payer le double ou le triple de leur valeur.

Lorsqu'on achète des vaches dans le Morbihan, il faut ajouter les dépenses suivantes au prix d'achat :

La bête étant livrée sans licol, on est obligé d'acheter une corde du prix de 10 à 15 c., suivant la longueur (ordinairement une brasse) et la grosseur que l'on veut.

L'acheteur qui fait les marchés sans boire avec

les vendeurs est parfois tenu de donner quelques centimes de pratiques.

Les *toucheurs* (conducteurs de bestiaux) coûtent 3 fr. par journée de conduite, et 2 fr. par journée pour retourner chez eux. Un toucheur ne peut guère mener plus de huit à dix vaches, et encore faut-il qu'il se fasse aider les premiers jours. Nous avons eu des convois de cinquante-huit têtes parfaitement conduits par trois toucheurs.

On fait parcourir à la vache bretonne de 24 à 36 kilomètres par jour; mais c'est un abus : on ne devrait lui faire faire que de 16 à 20 kilomètres.

Dans les hôtels, on met les bêtes à la botte, c'est-à-dire qu'on leur donne une botte de foin par tête. Le foin est souvent de médiocre qualité, et on le paie 50 c. la botte, du poids de 5 kilogrammes. Pour droits d'attache, cela veut dire pour les soins des garçons de l'hôtel, on paie 10 c. par tête.

A certaines saisons de l'année, si on veut mettre les bêtes dans une prairie, on paie de 5 à 10 c. par tête, suivant le nombre d'heures qu'elles y passent, et selon la qualité et l'abondance de l'herbage.

Nous avons acheté un grand nombre de troupeaux ; nous l'avons fait plutôt comme sujet d'étude que comme spéculation : nos frais payés (nous avons remarqué qu'ils s'élevaient à une moyenne de 4 fr. 50 c. par tête), nous avons toujours pris pour honoraires 5 fr. par tête.

Lorsque les vaches sont rendues à Rennes, le prix du transport varie, suivant qu'on les fait voyager en chemin de fer, d'après le tarif par tête ou par bandes. Dernièrement, nous avons fait partir quarante-six vaches, de Châteaubourg pour Versailles; il a fallu payer 667 fr. 85 c., tandis que pour cinquante-six bêtes de la même race, de Rennes à Versailles, nous n'avons payé, quelques jours après, que 638 fr. 40 c.

Tel est le résumé de nos observations. En les livrant à la publicité, nous avons le désir de mettre tout le monde à même de pouvoir apprécier les qualités de la race bovine morbihannaise : nous croyons servir les intérêts des agriculteurs, et faire une œuvre essentiellement bretonne et nationale.

FIN.

TABLE DES MATIÈRES.

Rennes, Oberthur, imp. de la Préfecture.

www.ingramcontent.com/pod-product-compliance
Lightning Source LLC
LaVergne TN
LVHW052022060726
842528LV00002B/606